“广东青年发展现代农业实用技能”丛书

丛书主编单位　共青团广东省委员会

农产品加工实用技能

NONGCHANPIN JIAGONG SHIYONG JINENG

主　编　白卫东
副主编　赵卫红　钱　敏

中山大学出版社
·广州·

图书在版编目（CIP）数据

农产品加工实用技能/白卫东主编；赵卫红，钱敏副主编．—广州：中山大学出版社，2012.6
（“广东青年发展现代农业实用技能”丛书/共青团广东省委员会主编）
ISBN 978－7－306－04104－3

Ⅰ．①农…　Ⅱ．①白…　②赵…　③钱…　Ⅲ．①农产品加工　Ⅳ．①S37　②TS2

中国版本图书馆 CIP 数据核字（2012）第 007366 号

出 版 人：祁　军
策划编辑：张海昕
责任编辑：王　睿
封面设计：林绵华
责任校对：陈　霞
责任技编：黄少伟
出版发行：中山大学出版社
电　　话：编辑部 020－84111996，84113349，84111997，84110779
　　　　　发行部 020－84111998，84111981，84111160
地　　址：广州市新港西路 135 号
邮　　编：510275　　　　传　真：020－84036565
网　　址：http://www.zsup.com.cn　　E-mail：zdcbs@mail.sysu.edu.cn
印 刷 者：佛山市浩文彩色印刷有限公司
规　　格：880mm×1230mm　1/32　6.375 印张　160 千字
版次印次：2012 年 6 月第 1 版　　2013 年 12 月第 2 次印刷
定　　价：16.00 元

"广东青年发展现代农业实用技能"丛书
编　委　会

总 序

为深入贯彻落实科学发展观，加快转型升级，建设幸福广东，全面开创我省农业农村工作新局面，中共广东省委、省政府作出加快建设现代农业强省的重大部署，推进现代农业强省建设的战略方针，为广大农村青年发挥聪明才智、实现人生理想提供了广阔舞台和难得机遇。要在新时代中建功立业，广大农村青年就必须着力提高文化科技素质，努力成为“有文化、懂技术、会经营”的新型农民，这也是广东率先实现农业现代化、构建文明富裕新农村的重要基础工作。

竭诚服务青年是共青团一切工作的出发点和落脚点。为进一步满足广大农村青年日益增长的生产知识和学习成才的迫切需求，帮助他们掌握现代农业的生产经营知识，推动广东现代农业发展，共青团广东省委员会组织广东青年发展现代农业专家服务团 33 名专家及省内各农业院校、农科院所教授学者编写了“广东青年发展现代农业实用技能”丛书（以下简称为“丛书”）。本丛书共 12 册，包括肥料施用，蔬菜、果树、花卉苗木、粮食作物、经济作物种植，畜禽、水产养殖，农产品加工、市场营销，农业机械化、经济信息管理等现代农业实用技术，涵盖了我省优势农产品生产技术的主要内容。在编写过程中，我们尽可能做到文字深入浅出，图文并茂，方便广大农民兄弟阅读和理解。希望本丛书能在促进全省农村青年生产经营水平提高方面发挥积极作用，在全省农村掀起一股科技种养、科技创业、科技致富的热潮，为我省培育新一代新型农民，推进现代农业发展和新农村建设作出积极贡献！

本丛书是众专家的呕心之作，对他们的辛勤付出我们表示衷心的感谢和崇高的敬意。在出版过程中，本丛书还得到了中山大学魏明海副校长以及中山大学出版社的大力支持，在此一并致谢。

是为序。

共青团广东省委员会

2012年1月

目　录

第一章　粮食加工业

第一节　稻　　谷

一、概述

稻谷是地球上重要的谷物之一，据统计，世界人口食物热量的21%取自稻米。稻谷种植分布很广，据David（1980）报道，稻谷的栽培，北界到达北纬50°以北的我国黑龙江省，南界到达南纬35°的澳大利亚新南华莱士。种植最低的地方是印度的卡勒拉（低于海平面）；种植最高处是尼泊尔和不丹，其海拔高达3 000米以上。但稻谷主要分布在夏季气候有足够温度和水分的地域，其主要的生长区域是中国内地南方地区、中国台湾、日本、朝鲜半岛、东南亚、南亚、欧洲南部地中海沿岸、美国东南部、中美洲和非洲部分地区，中国北方沿河地区也种植稻谷。

稻谷按其生长期、粒形和粒质分为早籼稻谷、晚籼稻谷、粳稻谷、籼糯稻谷、粳糯稻谷五类。

籼稻子粒细而长，呈长椭圆形或细长形；米粒强度小，耐压性能差，加工时容易产生碎米，出米率较低；米饭胀性较大，黏性较小。粳稻子粒短而阔，较厚，呈椭圆形或卵圆形；米粒强度大，耐压性能好，加工时不易产生碎米，出米率较高；米饭胀性较小，黏性较大。

根据粒质和收获季节的不同，籼稻和粳稻又可分为早稻谷和晚稻谷两类。就同一类型稻谷而言，一般情况下，早稻谷米粒腹白大，角质粒少，品质比晚稻谷差。早稻谷米质疏松，耐压性差，加工时易产生碎米，出米率较低；而晚稻谷米质坚实，耐压性好，加工时碎米较少，出米率较高。就米饭的食味而言，早稻谷比晚稻谷差。如果是比较早、晚稻谷的品质，晚籼稻谷的品质仍然优于早粳稻谷。

糯稻谷米粒呈乳白色，不透明或半透明，黏性大，按其粒形可分为籼糯稻谷（稻粒一般呈长椭圆形或细长形）和粳糯稻谷（稻粒一般呈椭圆形）。

二、稻谷粗加工

对稻谷直接进行碾米（又称“稻出白”），如果碎米多、砂石等杂质含量高、纯度低，不仅能耗高、产量低、出米率低，而且成品米质量差。此外，副产品利用率也低。因此，不利于稻谷的合理利用。目前，常规的稻谷加工主要包括清理、砻谷及砻下物分离、糙米碾白、成品处理及副产品整理等工序。

（一）砻谷的基本方法与原理

根据稻谷脱壳时的受力状况和脱壳方式，稻谷脱壳方法通常可分为挤压搓撕脱壳、端压搓撕脱壳和撞击脱壳三种。挤压搓撕脱壳是指稻谷两侧受两个具有不同运动速度的工作面的挤压、搓撕作用而脱去颖壳的方法；端压搓撕脱壳是指谷粒两顶端受两个不等速运动工作面的挤压、搓撕作用而脱去颖壳的方法；撞击脱壳是指高速运动的谷粒与固定工作面撞击而脱壳的方法。

（二）谷糙分离的基本原理与方法

谷糙分离就是利用稻谷和糙米的粒度、密度、容重、摩擦系数、悬浮速度等物理性质的差异，借助谷糙混合物在运动过程中产生的自动分级，使稻谷上浮，糙米下沉，采用适宜的机械运动形式和装置将稻谷和糙米进行分离和分选。常用的方法有筛选法、密度分离法和弹性分离法三种。

（三）碾米的原理与方法

碾米是指将糙米的皮层去掉，使之成为符合食用要求的白米的过程，它是稻谷加工最主要的一道工序，也是保证大米质量、提高出米率、降低能耗的重要环节。碾米的基本方法可分为物理方法和化学方法两种。目前，世界各国普遍采用物理方法碾米，只有极个别米厂采用化学方法碾米。物理方法主要是依靠碾米机碾臼室构件与米粒间产生的机械物理作用，将糙米碾白。根据在碾去糙米皮层时的作用性质不同，一般可将碾米分为擦离碾白（擦离去皮）、碾削碾白（碾削去皮）和混合碾白（碾削、擦离混合去皮）三种。化学碾米法包括纤维酶分解皮层法、碱去皮层法、溶剂浸提碾米法等，但真正用于工业生产的只有溶剂浸提碾米法。

（四）成品处理

出机白米必须使含糠、含碎率符合质量标准，降低米温至利于贮存的温度。成品处理主要包括擦米、凉米、白米分级、抛光、色选等工序。

三、稻谷深加工

（一）方便米粥生产工艺

米粥是一种流食，适合于婴幼儿、老人、病人等食用，也被作为早餐食品、美容食品和特殊食品。但是米粥的制作很费时，制作不方便。随着人们生活水平的提高和生活节奏的加快，省时、便捷的方便米粥日益受到人们的欢迎，尤其在炎热的夏日，人们更渴望吃上清凉可口的方便米粥。方便米粥是以物理、化学的方法对大米进行预处理，以利于存贮、食用的粥制品。目前，市场上的方便米粥主要分为两类：一类是未经脱水干燥的即食方便米粥，如八宝粥罐头；另一类是经过蒸煮，然后冷冻干燥而得到的粥制品，食用时只要用开水冲泡几分钟就可变成稀粥。

1. 八宝粥

八宝粥的生产工艺流程比较简单。从总体上来说，就是把原料按照一定的比例混装在罐内，再经过封口、杀菌、冷却、包装等步骤灌装而成。一般八宝粥的生产工艺如图 1－1 所示。

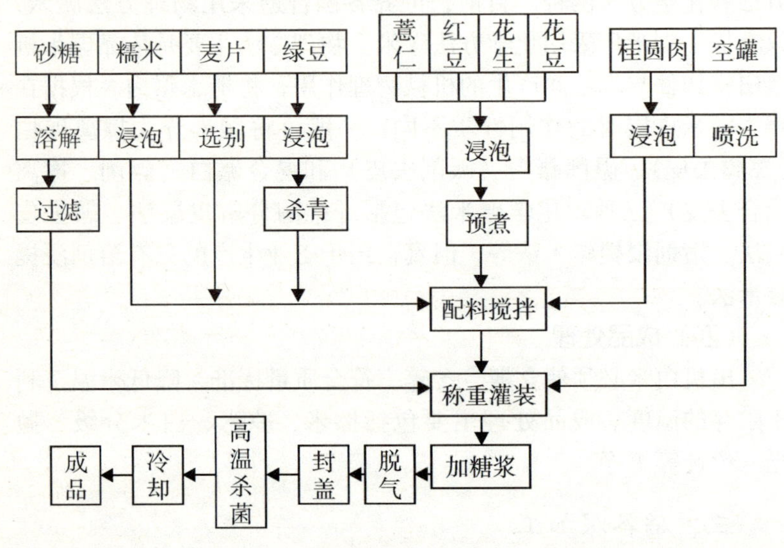

图 1－1　八宝粥的生产工艺流程

（1）原辅料的选择与处理。谷类、豆类、干果、杂粮等原料应颗粒饱满、色泽正常、无虫蛀、无褐变、无杂质、无污染。红豆应在常温下浸泡 2 ～4 小时，以除去红豆所含有的胰蛋白酶抑制剂，然后沥干水备用。花生经烘烤去红衣，淘洗干净，加水浸泡，沥干备用。薏仁、花豆等除去杂质后，分别置于容器中加水浸泡（时间与红豆基本相似），沥干水分备用。桂圆肉先用冷水浸洗，至散开为止，洗去杂质，用 80℃ 的热水浸泡 3 ～5 分钟再捞出冷却，备用。优质糯米经称量后挑选去杂，用清水淘洗干净，在其他一些原料浸泡、预煮后，方开始加水浸泡 20 ～30 分钟，沥干水分备用。绿豆要用沸水煮 5 ～ 10 分钟，捞出用冷水冲洗，沥干备用。

(2) 配料。原料中糯米、红豆、绿豆、薏仁、花豆等配比不同，产品的稳定性、体态、色泽、口感均有差异。原料固形物与糖水的比例（即料水比）直接影响八宝粥产品最终的体态、粥样、软硬度等。比较两种料水比，发现原料与水之比为1:4时，杀菌糊化后的产品黏稠度较适宜，原料固形物糊化程度最佳，能形成很好的粥形。产品甜度也是八宝粥质量的一个重要指标。砂糖添加率为5%～5.5%时，产品甜度适宜，口感较好，适合于大多数消费者。

(3) 预煮。完成上述各种原料的加工处理后，进入预煮工序。将处理后的红豆、花生、薏仁、花豆等放入杀菌锅中，蒸熟后出锅，冲水冷却，滤干水分即成为备用的配料。

(4) 装罐、注糖浆。各种原料按照一定的配比称量后，装入罐中，注入85℃以上的糖液。原料固形物与糖水的比例应根据最终产品的黏稠度、形态来确定。糖水浓度按照产品净重的百分比换算，根据成品甜度确定其砂糖用量，也可以加入20毫克/千克的乙基麦芽酚作为增香剂。

(5) 脱气与密封。工业化生产八宝粥罐头，一般用自动真空机进行脱气与封盖，也可以用排气箱脱气、封盖。根据实际生产经验，密封后罐头的真空度一般以59kPa为宜。罐头封好后，要用温水洗净罐外表面的油污与糖浆。

(6) 杀菌、冷却。

八宝粥产品的杀菌过程也是糊化过程，既要保证产品的保质期，又要使产品具有一定的形态，质地细腻，软硬适当，入口即酥。杀菌时先在121℃下处理50～60分钟，再反压冷却至40℃以下。蒸煮时间短的产品，达不到入口即酥的效果，粥形差，保温后有产气现象，不能长时间保存；但杀菌时间若过长，产品会有异味（焦煳味）。用121℃温度杀菌60分钟的产品，其形态、口感均佳，保温检验未出现败坏现象，能达到卫生要求。反压冷却时要注意锅压下降速度应低于罐温下降速度，以免出现假胖听。杀菌操作最好采用回转式杀菌锅，以防粘底现象。

四、米粉生产工艺

“米粉”从词义上理解，是以大米为原料经碾磨或舂制而成的粉状物料。但是，在广东、广西、湖南、江西、福建等省区以及我国港澳地区、南亚一些地区，米粉是指以大米为原料，经浸泡、蒸煮、压条等工序，而制成的条状、丝状米制品。米粉质地柔韧、富有弹性、水煮不糊、干炒不易断，配以各种菜码或汤料经干炒或汤煮，都可以食用且口感爽滑，是一种廉价方便的米制品，深受广大消费者喜爱。根据产品造型的不同，米粉有排米粉、方块粉、皮纹粉、银丝粉、肠粉（呈卷状）之分。另外，根据生产工艺的不同，米粉又有干粉、湿粉之分与普通米粉、即食米粉之分。湿粉现做现吃，不宜久存；干粉可以长期保存，携带方便；即食米粉如同方便面一样，配有各种汤料，只需开水浸泡便可食用。

1. 即时米粉生产过程

即时米粉生产过程为：大米→洗米、浸泡→磨浆→蒸粉→压片、挤丝→复蒸→降温→干燥→即时米粉。

2. 工艺要点

（1）原料预处理。为了除去大米的糠皮和杂物，提高成品质量，将原料米复碾一次，一般碾除5%的糠皮即可。

（2）洗米、浸泡。由于大米组织细胞较硬，制作方便米粉采用湿法粉碎为好，干法粉碎会损伤较多的淀粉颗粒，给最终产品质量带来不良影响。在制粉以前，需进行洗米和浸泡。浸泡时间长短，对产量影响很大。浸泡时间过短，磨出的米浆粗，成品质量差，断条率高，食用时不易复水；浸泡时间过长，大米发酵，产品有酸味。浸泡以后，以用手能将米粒捏碎、含水量为35%～40 %为宜。

（3）磨浆筛滤。米浆浓度取决于磨米时所加入的水量，不同种类、等级的大米所需加入的水量也不同。加水量大，利于进一步软化大米淀粉组织，但磨米时不易磨细；加水量过少，又会使之脱水，使转鼓上浆不匀，进而造成吸干后的湿粉料含水量偏高，且在成品干燥时消耗热能多，同时加工出的成品质量差。所以磨米时加水量必须根据实际情况进行调整。加水量以25%～30%为宜，这样磨出的米浆含水量为58%～62%。

（4）吸干。吸干是将过滤后的米浆通过真空吸干机脱去部分水分得到湿粉料，脱水的程度对米粉成形有直接影响，湿粉料含水量在38%～45%的米粉易于成形。

（5）蒸制粉料。把脱水后的湿粉料送入蒸粉机，经过蒸汽加热使粉料糊化。蒸料的目的是使米粉部分糊化以提高黏着力，以便于后续成形操作。蒸料时要掌握好时间和蒸汽量。如果蒸料时间过长，淀粉过度膨胀后会大量吸进水分，将影响产品成形及成品质量。蒸汽压力为0.2～0.25MPa，蒸料时间以1.5分钟为宜。

（6）榨片与榨丝。榨片有两个作用，一是使经初步糊化的粉料组织得到改良；二是使压榨成形的粉片在输送带上运行时自然蒸发出部分水分，并降低粉片的温度，这样有利于提高榨丝成形的质量。初步糊化的粉料在螺旋绞龙的转动挤榨作用下，使粉料的水分含量及熟度均匀，并使从榨片机的矩形孔中榨出的粉片经输送机传送至榨丝机。榨丝是为了把粉片压榨成粉丝。榨丝机孔直径选择0.5～0.8毫米，可使榨出的丝条直径小，使用时浸泡复水时间短，并具有一定的韧性。

（7）复蒸、切断。复蒸是把压榨成形的粉丝，通过连续复蒸机蒸制一定时间，使粉条达到完全成熟，糊化度达到90%～

95%，以进一步提高米粉的黏合力。

（8）冷风降温。为了避免把大量水蒸气带入烘干房，应先把复蒸后的米粉经冷风降温，以排除水蒸气并同时使水分自然调平完成从塑体到弹体转变，使条状组织固定，避免烘干房热风干燥时产生裂痕。

（9）热风烘干。热风干燥的目的是排除水分、固定组织和形状，便于保存。方便米粉的干燥通过缓慢脱水来实现。烘干机和冷风降温机的输送带首尾相接，米粉落入烘干室后随输送带移动，烘干室侧面装有列管式换热器和轴流风机，干燥的热风不断干燥直至达到要求。烘干后的米粉水分应低于14%。

五、方便米饭生产工艺

方便米饭是经水浸泡或短时间加热后即可食用的方便米制品。日本于1970年便出现了方便米饭业，并以年平均增率15%的速度迅速发展，至今增长趋势不衰。1992年，日本方便米饭总产量为13吨，品种繁多，有白米饭、小豆米饭、什锦米饭、咖喱炒饭、肉丝炒饭、虾仁炒饭、白粥、杂烩粥以及具有日本特色的饭卷、饭团、茶水泡饭等。我国台湾地区对方便米饭也日趋重视，市场上相继推出速冻米饭、高温杀菌米饭等。主要有α化米饭、速冻米饭、冷冻干燥米饭、膨化米饭、无菌包装米饭、冷藏米饭等。

（一）α化米饭

α化米饭又称速煮米饭、脱水米饭、即食米饭，它是由淘洗、浸泡，经汽蒸或炊煮，再用热空气干燥而成。α化米饭生产工艺比较简单，成本相对较低，复原后口感较好。不足之处是复原时间稍长，米饭易氧化酸败。产品水分含量为5%～10%，常温下可贮存2～3个月，加开水浸泡5～20分钟即可食用。α化米饭的加工方法最早是由美国通用食品公司发明的。我国于

1960年已有不少单位对α化米饭进行研究、试制，经过多年的努力，我国目前各地生产的速煮米饭产品质量与数量都有了较大提高。其工艺流程如下：精白米→清理→淘洗→浸泡→加抗黏剂→搅拌→蒸煮→冷却→离散→干操→冷却→检验→袋装→封口→成品→入库。

（二）速冻米饭

速冻米饭是将用普通方法蒸煮的米饭装入袋中，迅速冷冻，于-18℃低温下保存即成速冻米饭。炒饭类米饭采用个体速冻方法，饭团类米饭采用块状速冻方法。个体速冻方法有的是将米饭置于气流中边离散边冷冻，有的是将米饭置于液态氨中边搅拌边冷冻。采用个体速冻工艺生产的速冻米饭容易解冻，但必须注意流通过程中的温度管理。

六、酿酒

我国酒类传统上分为白酒、黄酒、啤酒、葡萄酒、果露酒、药酒和其他类酒七大类。大米也用于黄酒、甜米酒、白酒的酿造。

（一）黄酒

黄酒又称老酒、陈酒、料酒，主要原料是糯米、粳米或粟米；酒精度数在15°～18°之间，属于低酒精度饮料，色泽为红褐色或金黄色，内含多种浸出物，富有营养。除饮用外，黄酒还用作烹调和炮制中药的辅佐料。黄酒是我国最古老的酒类，它的起源在《水经注》上就有记载："越王之栖于会稽也，民饮其流，而战气百倍。"到公元6世纪的梁代，绍兴酒就已行销到很远的地方去了。当时用银瓶装的山阴甜酒就非常出名。据梁元帝著《金楼子》记载，元帝小时候有银瓯一枚，贮山阴甜酒，平时放在身边，一边读书，一边饮酒。唐代，越酒和蓬莱酒都载入《酒经》。历代以来，绍兴香雪酒都是重要的贡品。除了绍兴、即墨之外，江苏丹阳封缸酒、山西太原的干榨黄酒、福建龙岩的沉缸酒也是黄酒中的名品。现在绍兴黄酒中就有元红酒、加饭酒、善酿酒、香雪酒等品种。

黄酒是一种低酒精度的酿造酒，营养丰富，有益于健康。有的学者认为黄酒是世界上最营养健身的酒。还有位著名专家说，外国人把啤酒称为“液体面包”，而中国黄酒应称为“液体蛋糕”。黄酒中含有23种氨基酸，其中8种为人体必需氨基酸（赖氨酸、色氨酸、缬氨酸、亮氨酸、异亮氨酸、苏氨酸、蛋氨酸、苯丙氨酸）；黄酒中还含有维生素、无机盐、微量元素，以及多酚等功能性成分。

传统工艺黄酒在传统工艺中有淋饭法、摊饭法及喂饭法三种生产方式，所生产的酒分别称淋饭酒、摊饭酒、喂饭酒。

1. 淋饭酒

淋饭酒是因将蒸熟的米饭采用冷水淋冷的操作而得名，其特点是用小曲（酒药）为糖化发酵剂，搭窝培菌糖化后加水发酵的。如摊饭法的淋饭酒母就是用此法制备的，三白酒也是用此法而制成，有其特色。

2. 摊饭酒

摊饭酒就是将蒸熟的米饭，摊在竹簟上进行冷却，然后将饭、水、曲及酒母混合后直接进行发酵而成。如绍兴加饭酒、元红酒、仿绍酒、红曲酒都采用此法生产。

3. 喂饭酒

喂饭酒就是在黄酒发酵过程中，分1～2次添饭发酵。如浙江嘉兴黄酒就是用喂饭法生产的。在淋饭酒和摊饭酒生产中，也都有与喂饭法相结合。其优点是：有利于发解品温度控制，为糖化发酵过程中供给新的营养，从而使酵母处于持续旺盛的状态，也有利于增加酒的醇厚感。

新工艺黄酒，概括地说就是机械化加纯种曲和纯酵母发酵而成的黄酒。有一次投料的，也有用喂饭法生产的。大部分用冷水淋饭冷却，有的也用风冷却。因为发酵工艺和设备不同于传统工艺，所以新工艺具有自己的产品风格。

广东客家娘酒也是黄酒的一个分支，其集低度、营养、保健于一体。它不仅富含多种氨基酸、微量元素、维生素、有机酸、葡萄糖、多糖等营养成分，还具有行气活血、滋阴壮阳之功效，对提高记忆力，预防高血压、血栓、冠心病、失眠等疾病均有良好的效果。适当饮用，有增进食欲，帮助消化及消除疲劳等作用，对女性美容、中老年人抗衰老也有一定功效。《幼学琼林》中记载："其味香芬甜美，色泽温赤，饮之通天地之灵气，活经络之神脉，尤适健身养颜之益也。"在中华民族的历史长河中，酒和酒文化一直占据着重要地位。我国酒类品种多，产量丰富，皆堪称世界之冠。其作为我国古老的酒种之一，已有5 000多年的历史，是客家古文化和酒文化相结合的精华，是东南及华南沿海一带（俗称岭南一带），如江浙、上海、福建、广东等区域客家人独有的民间传统发酵型黄酒。其色红褐，晶莹剔透，酒体甘醇，香气浓郁，鲜甜爽口，余味绵长。但是目前对其研究的报道较少，因此，需加大对广东客家娘酒的研究，以把我国的传统产业发扬光大。

（二）甜米酒

甜米酒是以糯米为原料，经蒸煮使淀粉糊化，然后接种甜酒药经发酵制成的一种发酵食品。由于甜酒药是糖化菌及酵母的混合制剂，主要含根霉、毛霉及少量酵母，因此在发酵过程中首先是糖化菌将原料中的淀粉水解为葡萄糖，蛋白酶将蛋白质分解为氨基酸，接着酵母将部分葡萄糖经糖酵解途径转化生成酒精。因此而赋予甜米酒甜味、酒香气和丰富的营养。

甜米酒的制作工艺流程如下：

（1）浸米。将糯米置于盆中用自来水浸泡12～24小时。浸米的目的是使淀粉颗粒大分子链由于水化作用而展开，便于常压短时间蒸煮后可以糊化透彻，不至于饭粒中心出现白心现象。

（2）洗米。将浸泡好的米用水冲洗几次，漂洗干净。

（3）蒸饭。将浸渍漂洗过的米沥干后，倒入铺有两层湿纱布的蒸笼里，摊开，加盖。旺火沸腾下蒸煮约 1 小时。水化后的淀粉颗粒开始膨化，并随温度的逐渐上升，淀粉颗粒大分子间氢键逐渐被破坏，达到糊化的目的。蒸饭要求“熟而不糊”。

（4）淋饭。饭蒸透后，立即用凉开水冲淋。其目的一是使饭粒迅速降温，二是使饭粒间能分离，以利通气，适于糖化菌类及发酵菌类繁殖。经冲淋后的饭降温至 28 ～30℃。

（5）落缸搭窝。将淋冷后的糯米饭沥去水置于瓦罐中（容器使用前需用沸水灭菌清洗），将酒药用量的 2/3 拌入饭中，然后将其搭成“V”字形窝以便增加米饭与空气的接触面积，使好气性糖化菌生长繁殖。市售“甜酒药”每克可使 2 ～3 千克糯米发酵。

（6）保温发酵。将罐置于 28℃左右恒温培养 1 ～3 天即可食用。一般培养 24 小时以后即可观察到饭表面出现白色菌丝，经过 36 ～48 小时就可看到出现甜液，再延长培养时间便可出现甜味减少、酒味增加的现象，即可达到酒香浓郁、甜醇爽口以及清澈半透明。

（三）白酒

白酒是用各类淀粉原料经糖化发酵、蒸馏酿制而成的一种无色透明的酒液。因其酒精度数较高，且引火能燃烧，又称“白干”或“烧酒”。根据生产的原料和酿制工艺的不同，我国的白酒还分为大曲酒如茅台酒、汾酒，小曲酒，如三花酒；麸曲酒如各地生产的普通白酒等。根据香型的不同，白酒通常分为酱香型如茅台酒，窖香型（又称“浓香型”）如泸州老窖，清香型如汾酒。有的酒兼有两种或两种以上主体香型的特点，如董酒。按产地取名有汾酒、西凤酒、茅台等，按原料取名有高粱酒、包谷酒等。

1. “老五甑”工艺流程

“老五甑”是续糟配料的典型工艺之一。传统的“老五甑”是：每个班组将粮食按比例分配成两个大茬，一个小茬，计三甑“粮茬”，加一甑“回茬”和一甑“扔糟”，共五甑。其酿酒操作法如下：将上次发酵好的大茬全部挖出，分别取两个1/3强的底醅，配入原料总量的各35%左右的新粮，得两个大茬。其余1/3弱的底醅，加入约30%的新粮，得一个小茬。将上次发酵好的小茬，挖出蒸酒，为一甑“回活”。上次发酵完的“回活”，挖出蒸酒后，作为“扔糟”。这样的五甑操作法，称为“老五甑”。浓香型和酱香型大曲酒采用混蒸续糟发酵工艺，即将发酵成熟的酒醅与粉碎的新料按比例混合，然后在甑桶内蒸粮酿酒，这又称为混蒸混烧。典型的续糟工艺流程，如图1－2所示：

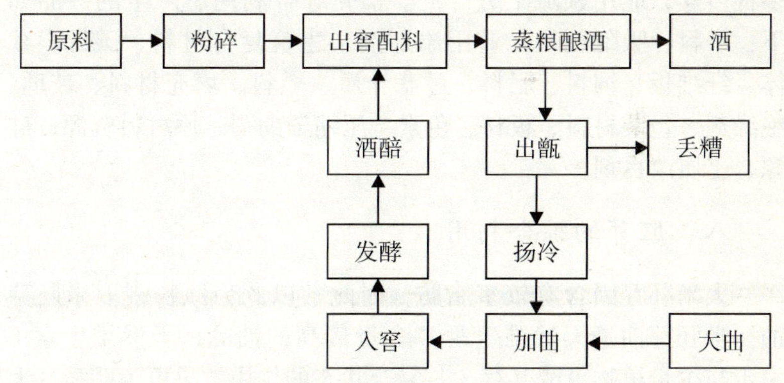

图1－2　典型的续糟工艺流程

用“老五甑”方法酿制白酒，淀粉浓度逐渐变稀，淀粉被充分利用，母糟得以循环使用，生成更多的香味成分，形成独特的风格，这是我国特有的酿酒工艺。

七、稻壳的综合利用

稻壳约占稻谷子粒质量的20%，是碾米厂的主要副产品。我国是世界上稻谷产量最高的国家，约占世界稻谷总产量的1/3以上，稻壳资源十分丰富。若能将稻壳有效地加以利用，变废为宝，就能为碾米厂带来更大的经济效益，同时为社会创造更多的财富。

对于大中型粮食加工企业来说，稻壳的数量相当大。由于稻壳密度小，体积大，运输不方便，因此多自行处理。稻壳中约含有40%的粗纤维（包括木质素和纤维素）和20%左右的五碳糖聚合物（主要为半纤维素）；另外，约含有20%灰分及少量粗蛋白、粗脂肪等有机化合物。随着科学技术的发展，以稻壳为原料制取的产品广泛用于能源、化工、建筑、饲料等行业，产品种类多种多样，应用领域十分广泛。稻壳综合利用后产生的产品如下：磨料、吸附剂、工业用添加剂、建筑复合材料、碳源、载体、纤维板、饲料、肥料、过滤介质、燃料、填充材料、玻璃、绝缘剂、包装材料、板材、色素、压缩辅助剂、原材料资源、硅源、土质改良剂。

八、胚芽的综合利用

大米胚芽因含有较多脂肪，因此常以此为原料制取米胚芽油。米胚芽油是天然维生素E含量最高的油品，天然维生素E由于与少量植物甾醇共存，其复合状态的作用效果更为明显。大量研究结果表明，米胚芽油能使胆固醇合成受到抑制，能防止血管胆固醇沉积和预防糖尿病，对心血管疾病、生殖机能障碍、肌肉萎缩有明显疗效。另外，因为米胚芽油中含有较为丰富的维生素E，所以长期食用可以防止皮肤色素沉着和延缓皮肤衰老。

分离胚芽及制取米胚芽油的工艺如下：将含有胚芽的米糠先经吸风分离器处理，分出米糠、谷壳、胚芽及杂质。然后将米胚芽加热烘干，最好在0.04～0.05MPa真空度下、120℃以上加热15～30分钟，以使酶钝化。最后压碎萃取，萃取以小型罐浸出为宜。胚芽中脂类应尽量抽出至残油0.5%或更低，米胚芽抽出前的水分应低；水分高时，进入米胚芽油中维生素E量减少。也可用98%乙醇回流浸出。如使胚芽油酸价在0.5mg KOH/g以下，维生素E含量在200～250mg/100g以上，谷维素含量在0.5%～1.0%以上，应采用淡碱、低碱多次碱炼的精炼方法。

第二节　玉　米

一、玉米产品与发展趋势

玉米是三大粮食品种之一，为解决人类的温饱问题起到很大作用。玉米在某些贫困国家和地区依然是人们餐桌上不可或缺的食品。在发达国家和地区，玉米也被作为补充人体所必需的铁、镁等矿物质的来源为人们广泛食用。在玉米的消费中，口粮消费占玉米总消费的比重在5%左右，但随着时代的发展，这个比例有逐步降低的趋势。玉米也是重要的饲料原料，占饲料消费总量的70%左右。人们对肉、蛋、禽、奶的强劲需求拉动了畜牧业和饲料业的大发展，导致饲用玉米需求大幅度增加，成为玉米增产的主要动力。玉米也是重要的工业原料。以玉米为原料生产淀粉，可得到化学成分最佳、成本最低的产品，其附加值超过玉米原值几十倍，可广泛用于造纸、食品、纺织、医药等行业。例如，以玉米淀粉为原料生产的酒精是一种清洁的“绿色”燃料，有可能在21世纪取代传统燃料而被广泛使用。

玉米加工的方式分湿法加工和干法加工两种。近几年，由于玉米果葡糖浆的需求日益增长，湿法加工量呈上升趋势。因此，目前食用玉米的生产方式大多是以湿法加工成淀粉（或变性淀粉）、玉米糖浆、果葡糖浆等形式，再按照配方添加入面包、糕点、饮料、罐头等食品中。而玉米通过干法加工，可加工成大、中、小楂，啤酒楂，玉米粉等，再制成早餐食品（如玉米片）、快餐食品、婴儿食品等食品。少量的有将玉米子粒通过膨化、烘烤、油炸等处理方法加工成小吃食品以供应市场。

二、玉米的湿法加工和干法加工

（一）湿法加工

玉米湿法加工主要用于生产玉米淀粉。自 1842 年该工艺在美国应用以来，人们对玉米淀粉的加工工艺进行了许多改进。我国玉米淀粉工业起步较晚，是 1956 年从苏联引进的，直到 20 世纪 80 年代末期，中国的玉米淀粉工业才开始有较大幅度的发展。

玉米淀粉生产包括三个主要阶段，即玉米清理、玉米湿磨和淀粉的脱水干燥。如果与淀粉的水解或变性处理工序连接起来，可以考虑用湿磨的淀粉乳直接进行糖化或变性处理，省去脱水干燥的步骤。玉米湿法加工生产工艺流程如图 1－3 所示。

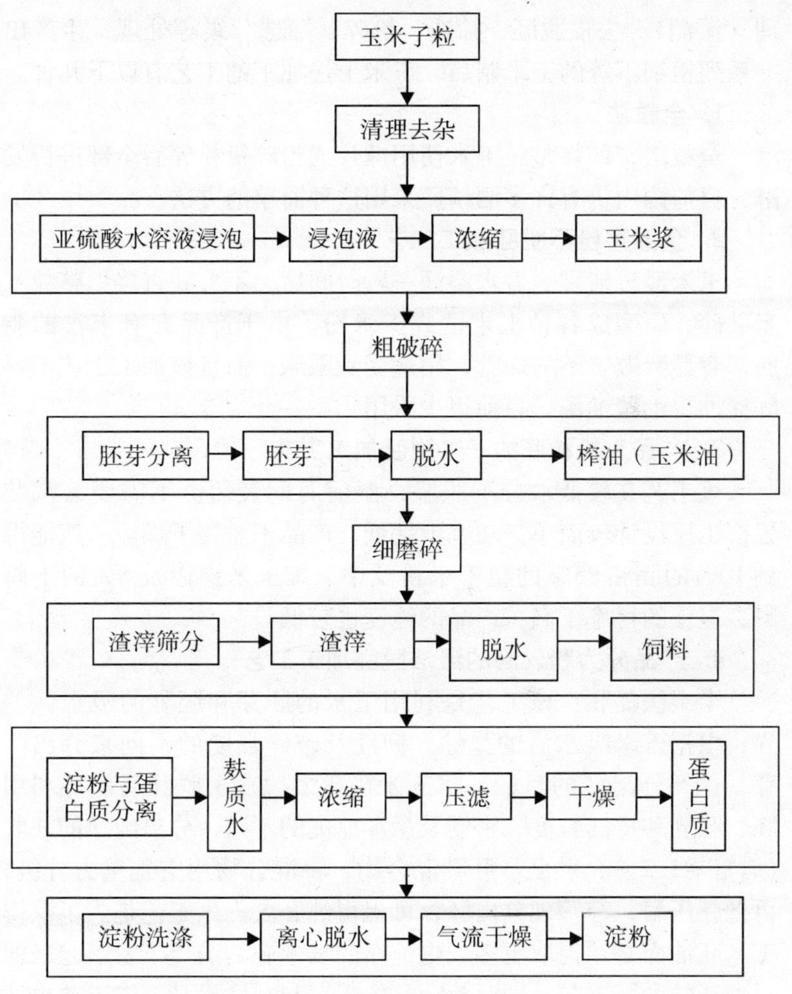

图 1－3　玉米湿法加工的生产工艺流程

（二）干法加工

玉米干法加工又称玉米干磨加工，它通过对玉米原料进行清理（湿润）、去皮脱胚、筛选、粉碎、筛选分级等处理，生产出一系列粗细不等的玉米制品。玉米干法加工的工艺有以下几种。

1. 全粒法

全粒法，即将整粒玉米使用锤片式粉碎机粉碎后全部进行发酵，目前国内仍有许多酒精厂采用这种简单的方法。

2. 全部磨粉不脱胚加工工艺

玉米经过清理、着水湿润一段时间后，不去胚直接把整粒玉米破碎，研磨成各种玉米糙或玉米粉。由于产品含有丰富的脂肪，容易酸败、不易保管，用途受到限制；而且该加工工艺不提胚榨油，浪费油源，目前很少采用。

3. 产品为粉和胚的干法脱胚加工工艺

该工艺在较低水分下脱胚，湿润时间较短。不需要蒸汽装置，工厂设计较简单。功率消耗低，产品不需要干燥。一般能得到10%的胚和85%的粗玉米粉及中、细玉米糁以及5%的下脚料，但糁的得率不高，产品的纯度也较低。

4. 产品分为粉、胚的湿法脱胚加工工艺

半湿法提胚：该工艺是利用玉米的胚芽和胚乳的吸水性差异，根据玉米吸水后的弹性、韧性及破碎强度的不同来分出胚芽，达到分出胚的目的。将玉米破碎、脱皮、脱胚后，再利用胚、胚乳和皮的粒度、密度及悬浮速度的不同，分出纯净的胚乳（含胚≤1.2%）和胚、胚乳混合物，将混合物用空气重力分级，再把胚压扁，经筛理分出胚，可提得纯胚乳。该工艺是为了获得玉米胚油而必须提取更多、更纯净的玉米胚的前提下发展起来的一项新的脱胚工艺，同时使产品的得率与纯度提高。该工艺也就是目前正在被推广的玉米联产品加工工艺。

三、玉米特强粉的开发利用

玉米特强粉的命名是根据GB 1355—86对小麦面粉的分级命

名而推导出来的。小麦面粉的等级指标是：普通粉、标准粉、特制二等粉（上白粉）、特制一等粉（富强粉），其中最高级的小麦粉称之为富强粉。据此命名玉米特强粉，也是为了说明它是玉米粉中最高级的面粉。

（一）玉米特强粉的特性

1. 膳食纤维的物化特性

在玉米特强粉中，膳食纤维占4.5%。小麦粉中的特制一等粉只含有0.06%，特制二等粉为0.35%。玉米特强粉中膳食纤维含量是特制一等小麦粉的75倍，是特制二等粉的13倍。

膳食纤维被当今世界食品界称为第七大营养素，其具有以下功能：有相当高的吸水性；对有机化合物有吸附螯合作用；具有容积作用；膳食纤维可预防结肠癌，改善便秘状况；可预防与治疗冠心病；能够阻止机体对脂肪的吸收；可调节糖尿病患者的血糖水平。

玉米特强粉的生产工艺流程如图1－4。

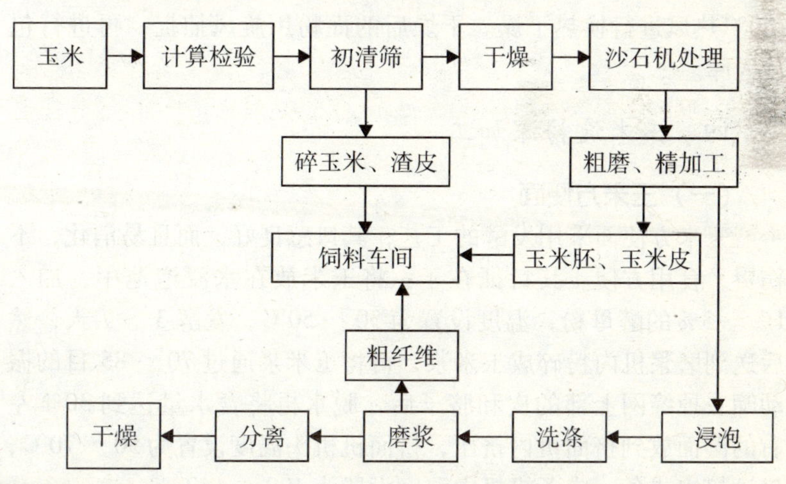

图1－4 玉米特强粉的生产工艺流程

商用玉米由铁路或公路运进厂区，经计量及检验合格后，到卸料站台卸料，由输送机或斗式提升机输送到初清筛处。清理的杂物作为垃圾，初清理分离出来的碎玉米和渣皮集中后送到饲料车间。初清的玉米再由斗式提升机或螺旋输送机箱送到玉米干燥机，干燥后物料送到玉米立筒库，根据生产需要，再将玉米进一步处理，通过沙石处理机，分离沙石及磁性物质。处理后的玉米一部分输送到玉米联产车间，经过粗磨和精加工，玉米糁输送到浸泡罐中，玉米胚及玉米皮输送到饲料车间。经过后处理的另一部分玉米直接输送到浸泡罐和联产后的玉米糁同时浸泡于罐中，然后加过碳酸钠清除黄曲霉及其他病菌，加酶控温，调 pH 值，加乳酸菌升温。待浸泡到终点后，分离出浸泡水，反复用清水洗涤达到工艺要求后，再进入下一道工序中磨浆，磨出的面浆通过三维振动筛分离出玉米皮粗纤维，输送到饲料车间，之后将玉米面浆输送到高位槽，以高压泵打入压滤机，分离出面饼和清水（清水循环再用），含水 34% 的面饼输送到瞬间干燥塔土，通过 300℃热风进行换热干燥。干燥后的面粉用旋风捕捉，再进行包装入库。

四、玉米淀粉深加工

（一）玉米方便面

玉米方便面采用发酵的工艺，其口感良好，而且易消化，不伤胃，食用方便。其特征在于：将玉米放在水浸泡池中，加入 1%～3% 的酵母粉，温度设置为 30～50℃，发酵 3～7 天，然后送到磨浆机内粉碎成玉米浆，再将玉米浆通过 70～85 目的振动筛去掉缔网上部的皮和脐子后，脱水再将含水量达到 30% 左右的湿面放到挤面机内挤压，挤面机机头温度设置为 50～70℃，最后挤出成条，成条机机内温度设置为 100～140℃。

此加工方法制成的玉米方便面，既保留并强化了玉米特有的营养成分，又具有食用方便的特点。由于采用发酵过程，使玉米成分中的淀粉充分膨胀，磨浆得到的玉米浆比用干法粉碎的粒度小，使得面条的粗糙感减少、滑溜，充分膨胀的淀粉经过数次挤压，面筋性好，所以面条口感筋道，水泡 40 分钟不浑汤、不断条，其柔韧性好。

（二）新型玉米锅巴

目前市场上已有一种玉米锅巴，其营养价值较高，有益于人的身体健康，深受消费者欢迎。但是用其方法制作的玉米锅巴，经精选后的玉米胚、脐没有分离，难以让其膨松酥脆，影响口感，不利于儿童及老年人食用。

新型玉米锅巴即采用新加工方法克服上述技术的不足，而提供一种具有香、脆、酥且色味俱佳的玉米锅巴食品。其通过以下措施来实现：将已脱皮的玉来原料浸泡在麦饭石、氢氧化钙溶液中，浸泡水溶液温度为 25℃，时间为 6 小时，使玉米胚与脐分离，分离后将玉米脐破碎后进行膨化，在压片时将膨化后的玉米脐加入压片机中，混合均匀成片，再进行油炸调味工序，最终成为新型玉米锅巴。

（三）快餐玉米粉

快餐玉米粉的生产方法如下：先精选玉米，去杂，然后脱皮破碎，细度达 30 目，破碎后的玉米糙送膨化机内进行膨化处理，膨化温度为 150 ～200℃，从膨化机出口得到熟玉米空心管。再将熟玉米空心管进行烘干处理，烘干温度控制在 50 ～150℃范围内。最佳烘干温度为 80 ～100℃，烘干时间为 20 ～50 分钟，水分控制在 3%～5%，烘干处理后的熟玉米空心管经冷却后进行两次粉碎处理，先送入离心式粉碎机进行离心式粉碎，然后再送入碾磨式粉碎机进行碾磨粉碎，细度大于 200 目，最后包装成袋，即得快餐玉米粉食品。食用时，只需从袋内倒出适量快餐玉米粉于碗内，用开水一冲即可食用。

此方法由于采用低温烘干处理，使熟玉米空心管在低温条件下缓慢烘干，故产品具有香、酥口味，并去除了玉米本身的浓重味道，而且可有效避免采用高温烘干时由于操作不当而易产生的焦煳现象。本发明方法在粉碎工序中，采用了两道粉碎程序，使得快餐玉米粉产品光滑爽口，细腻均匀，克服了单用离心粉碎机粉碎后产品粗糙、口感不细腻的缺点。

快餐玉米粉的生产方法简单，容易掌握，其生产的产品质好味美，保存期长，不加任何其他辅料就改变了原料玉米的浓重味道，给人们一种清香爽口的玉米味口感，其食用方便快速，人们可根据自己的口味放入调料，对旅游外出人员食用更为方便。本发明产品营养价值高，有食疗、食补的功能，因医学上发现，经常吃玉米能降低胆固醇，防止冠心病的发生和进一步恶化。

第二章　食用油加工

油脂是人类食品的主要营养成分之一，不仅是人体很好的热量来源，而且还含有人体不能合成而必须摄自食物以维持健康的必需脂肪酸，如亚油酸、亚麻酸等。常见的食用油多为植物油脂，包括粟米油、花生油、橄榄油、山茶油、芥花子油、葵花子油、大豆油、芝麻油、核桃油等等。油脂制取业有着悠久的历史。早在14世纪初叶，我国即有楔式榨油的完整记录，但一直发展缓慢。现今，新技术、新工艺、新设备的应用对我国油脂加工业产生了巨大影响，生物技术、膜分离技术、超临界流体萃取技术、膨化技术、微波加热技术、超声波化工技术、微胶囊造粒技术、超微粉碎技术、纳米技术以及计算机控制技术的应用为提高油脂工业产品质量和生产效率提供了保证，使我国油脂加工业迅速发展。

第一节　大豆油

油脂不能溶于水，但能溶于一些有机溶剂，如轻汽油、工业己烷等。根据这一特性，工业上常采用浸出法制油，即用特定的有机溶剂浸泡或喷淋经过一定预处理的大豆，把其中包含的油脂提取出来，再经过蒸馏、脱溶，即可得到脱脂豆粕、毛油，并回收溶剂。通常用特定的有机溶剂提取出油料中的油脂，得到的萃取液是有机溶剂与油的混合物，称之为混合油。通过蒸发、汽提，将混合油中的溶剂与油脂分离，所得油脂称为毛油。从毛油到精炼食用油一般还需经过脱胶、脱蜡、脱臭、碱炼等工艺。

浸出法制油工艺按浸出前油料处理过程可分为两种：一种是预榨浸出工艺，另一种是一次浸出工艺。预榨浸出工艺，是指油料经预处理后先用压榨机预先榨取一部分油脂，所得预榨饼（含油率12%～14%）再用浸出法制油；一次浸出工艺，是指经预处理的油料经轧胚后直接用浸出法取油。

一、大豆油的生产工艺

（一）压榨法

压榨法是在油脂原料上加压的一种方法，又分为普通压榨法和螺旋压榨法。

普通压榨法又称热榨法，就是指为了提高出油率，不仅要在压榨前对原料预热，而且压榨过程中还要用蒸气对原料进行加热，以降低其黏度，有利于油的流出。我们知道，湿热容易使蛋白质变性，因此，热榨法所得的豆粕蛋白质几乎全部变性。

螺旋压榨法又称冷榨法，是通过在水平装置的圆筒内安装螺旋轴，经过预处理的原料进入螺旋压榨机后，一边前进一边将油脂挤压出来。这种方法可以连续生产，但在榨油过程中，因摩擦发热，豆粕蛋白质也会发生较大程度的变性。

生产实践证明，各种压榨法都难以将大豆中的油完全榨出来，一般饼粕中残油为5%～10%，甚至更高。所以，饼粕在储藏时也易发生变质。除轻榨外，水溶性蛋白质的比率均在30%以下，变性程度很大。因此，现在工业化大规模的生产中几乎不再采用压榨法，尤其是普通压榨法。

（二）溶剂浸出法

生产工艺一般采用一次浸出工艺，流程如图2－1所示。

1. 原料的清理与分选

大豆在生长、收获、贮藏和运输过程中，都会混入一定数量的杂质，加工时首先要将它们除去。清理和分选是根据各种杂质与大豆子粒间的不同物理性质，利用清理设备将杂质分离出的过程，其包括气流分选法、筛选法、密度分选法、磁选法等。

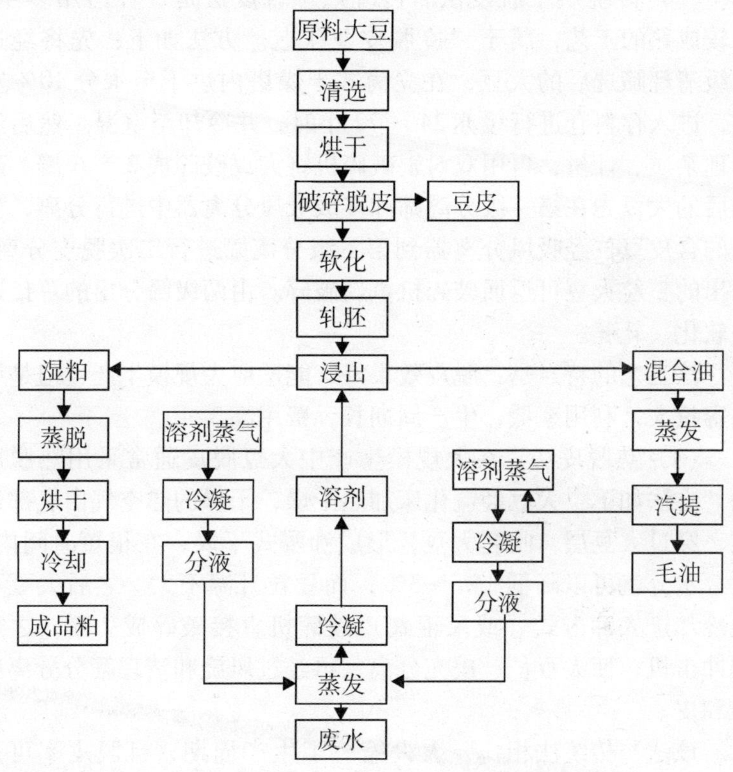

图 2－1 大豆一次浸出工艺流程

2. 大豆脱皮技术

大豆脱皮可在浸泡前也可在浸泡后进行，其方法包括：大豆简易脱皮法、传统烘干脱皮法、热脱皮法等。

（1）大豆简易脱皮法。大豆简易脱皮法，又叫冷脱皮法，适合小规模生产，尤其是当大豆水分低于 12% 时，可以直接破碎脱皮。方法如下：使用大豆脱皮机，利用磨盘对大豆进行破碎、挤压和擦搓，使其脱皮，然后由风系统将皮吹走。

（2）传统烘干脱皮法。传统烘干脱皮法是一种沿用多年、比较成熟的工艺，属于“冷脱皮”工艺。方法如下：先将经过初级清理筛选后的大豆，在立筒式干燥塔内烘干至水分 10% 左右，进入存料仓进行缓苏 24 ～72 小时，并冷却至室温。然后经清理杂质、计量，再用双对辊破碎机将大豆破碎成 2 ～6 瓣。破碎后的大豆先在第一级分离筛和多级吸风分离器中进行分离，分出的含皮豆仁经吸风分离器到第二级分离筛进行二次脱皮分离；分出的整粒大豆可返回破碎机重新破碎。由两级筛分出的豆仁送去软化、轧胚。

该工艺的特点是：脱皮效果好，能适应大规模生产，但是设备容量大，利用率低，生产周期长，费用高。

（3）热脱皮法。在大规模生产中大豆脱皮通常采用热脱皮法。方法如下：大豆经流化床加热干燥，干燥的热空气由底部进入，穿过大豆层，吹起大豆，形成沸腾式干燥，在很短时间内，大豆水分就可以降低 1% ～3%，而豆粒升温不大。之后大豆不经冷却进入冲击式（或尺辊式）破碎机直接破碎成 2 瓣，之后到冲击机，使大豆仁、皮充分离，再经过风旋和清理筛分分离碎仁和皮。

该法与传统法相比，大大缩短了生产周期，且脱皮率可达 95% 以上。但是对流化床的操作要求高，风运动系统动力消耗大、噪音大。

3. 制胚

胚料的制备主要包括三道工序：破碎、软化、轧胚。

（1）破碎。选择槽辊式破碎机将大豆破碎到 4 ～8 瓣，粉末度（通过 20 目筛眼）小于 10%。

（2）软化。软化就是使经过破碎的大豆子仁变软的工序。

方法就是调温调湿。常用设备有层叠式软化锅和卧式蒸汽绞笼。

（3）轧胚。轧胚是利用滚筒式轧胚机将大豆颗粒压成薄片状胚料的工序。目的是提高浸出效率。一般胚料厚度要求在0.25～0.40毫米之间。轧胚机的种类较多，如并列式对辊轧胚机，双对辊轧胚机，以及直立式三辊、四辊、五辊式轧胚机等。

4．油脂浸出

浸出法制油就是利用能溶解油脂的有机溶剂，通过湿润、渗透、分子扩散的作用，将料胚中的油脂提取出来，再把浸出的混合油分离而取得毛油的过程。国际上普遍采用工业己烷作为油脂浸出溶剂，我国目前普遍采用“6号溶剂油”。“6号溶剂油”是一多组分的混合物，没有固定的沸点，通常只有一个沸点范围（馏程）。

（三）超临界二氧化碳萃取技术

己烷目前被认为是从大豆中萃取油脂的较好溶剂，并得到了广泛的应用。但随着科学的发展，人们逐渐认识到，己烷作为食用油生产的浸出剂，存在着很多难以解决的问题。如溶剂本身的易燃、易爆性，由于溶剂残存带来的产品食用安全性；产品及副产品（豆粕）的质量下降，以及由于石油价格上涨而带来的成本上升等问题。正是由于这些问题的出现，己烷浸出法正受到人们日渐增多的质疑和重新审视，使人们对寻找便宜、安全（生产的安全性和食用安全性）和有效的溶剂产生了浓厚的兴趣。

超临界流体萃取是一种新型的萃取分离技术，是利用流体（溶剂）在临界点附近某一区域（超临界区）中，与待分离混合物中的溶质具有异常相平衡行为和传递性能，且对溶质溶解能力随压力和温度的改变而变动的特性，达到与溶质分离的技术。

经初步的研究发现，超临界二氧化碳流体萃取技术与普通分离技术相比有以下优点：

（1）可以在低温下进行，能分离热敏性物质。这种特性对食品加工格外重要，它可以大大减少食品营养素的损失，防止无益的褐变及保持食品的天然物性等。

（2）超临界流体具有低的化学活泼性和毒性，安全性好。二氧化碳对人体无毒性、挥发性大，通过调节温度和压力可以很容易地使溶剂与萃取物分离并且容易除去，不存在溶剂残留、污染产品的问题，也不会造成食品的人为污染。

（3）有明显的节能效果。采用超临界二氧化碳流体萃取技术，在整个加工过程中，食品原料不发生相变，与蒸馏分离技术相比，可成倍地节约能源。

（4）具有较高的扩散性，分离效率高。超临界二氧化碳流体的密度接近液体，但黏度只有通常气体的几倍，远小于液体，扩散系数比液体大100倍左右。

（5）该技术有极高的选择性，其选择能力可达分子级。

（6）二氧化碳成本低、不燃、无爆炸性，方便易得。但是，超临界态二氧化碳萃取油脂的工艺，目前仍处于研究阶段，尽管试验已从小试走向中试，但工业化大规模生产的情况还未见报道。

二、大豆油的精炼

通过蒸发、汽提，将混合油中的溶剂与油脂分离，所得油脂称为毛油。毛油中的主要成分是甘油三酯，此外还含有甾醇、磷脂、色素、游离脂肪酸等微量物质，这些微量物质对大豆油的品质和贮存稳定性具有重要的影响。因此，从毛油到精炼食用油一般还需经过脱胶、脱蜡、脱色、脱臭及碱炼等工艺。精炼的目的就是除去油脂中的这些杂质，提高成品油的质量。几种主要植物油的一级油和二级油国家标准（2003）见表2－1。

表 2－1 几种植物油的二级（原高级烹调油）和一级（原色拉油）国家标准

油脂品种	菜子油		大豆油（GB 1535—2003）		花生油（GB 1534—2003）	
油脂等级	二级	一级	二级	一级	二级	一级
透明度	澄清透明	澄清透明	澄清透明	澄清透明	澄清透明	澄清透明
气味、滋味	有气味	无味	气味感良好	无味、口感好	气味良好	无味、好
色泽（罗维朋 133.4 毫米槽）	Y35R4	Y20R4	Y35R2	Y20R2	Y35R5	Y35R3.5
水分及挥发物/% ≤	0.05	0.05	0.05	0.05	0.05	0.05
杂质/% ≤	0.05	0.05	0.05	0.05	0.05	0.05
酸价/（mgKOH/g）≤	0.30	0.20	0.30	0.20	0.30	0.20
过氧化值/（mmol/kg）≤	5	5	5	5	5	5
含皂量/% ≤	—	—	—	—	—	—
烟点/℃ ≥	205	215	205	215	205	215
冷冻试验（0℃冷藏 5.5 小时）	—	澄清透明	—	澄清透明	—	澄清透明

（一）大豆二级油精炼工艺

大豆浸出毛油→水化脱胶→脱水及脱溶→大豆二级油。

调整毛油初温到70℃，加磷脂含量3.5倍左右的同温（或较高温度）热水于油中，快速搅拌（60～70转/分钟）0.5小时左右，当磷脂胶粒开始聚集时，降低搅拌速度，升温至终温80℃，静置3～8小时，分离磷脂油脚料。水化净油在90～95℃真空脱水，然后进行真空脱溶：温度为140℃以上，操作压强不大于8kPa（真空度为700mmHg以上），用0.1MPa的直接蒸汽蒸馏2.5～3小时，使残留溶剂在50mg/kg以下，即得大豆二级油。

二级油也称为高级烹调油，是一种适合于我国家庭或餐馆炒菜用的高级食用油，但不做煎炸用油，类似于日本的白绞油。一级油即色拉油，则是可用于生吃、凉拌、制调和油、配人造奶油和调制蛋黄酱的上乘油脂。

（二）大豆一级油精炼工艺

大豆浸出毛油→碱炼脱酸→脱水及脱溶→大豆一级油。

调整毛油初温到40℃，加入碱液，同时快速搅拌，碱加完后继续搅拌30分钟，当皂粒凝析聚集时，降低搅拌速度，升温至终温65℃左右，静置6～8小时，分离皂脚。分出清油升温至65℃，用75～80℃热水洗涤1～2次，洗涤时搅拌不能太快，洗涤用水量每次为油重的10%～15%。静置分离废水后，进行真空脱水及脱溶（方法同大豆二级油），即得大豆一级油。

第二节　花生油

花生油淡黄透明，色泽清亮，是一种比较容易消化的食用油。花生油含不饱和脂肪酸80%以上（其中含油酸41.2%、亚油酸37.6%）。另外，还含有软脂酸、硬脂酸和花生酸等饱和脂肪酸共19.9%。

提取花生油主要有压榨法、溶剂浸出法（或称“萃取法”）和水溶法三种。

一、花生油的生产工艺

花生油的质量标准见表2-1。

（一）压榨法

原理：用压力将油料细胞壁压破，从而挤出油脂。

压榨法取油主要有清理干燥、剥壳、破碎、轧胚、热处理和压榨共7道工序，前6道工序的目的在于便于榨油和提高出油率及质量。具体榨油的工艺流程如图2-2：

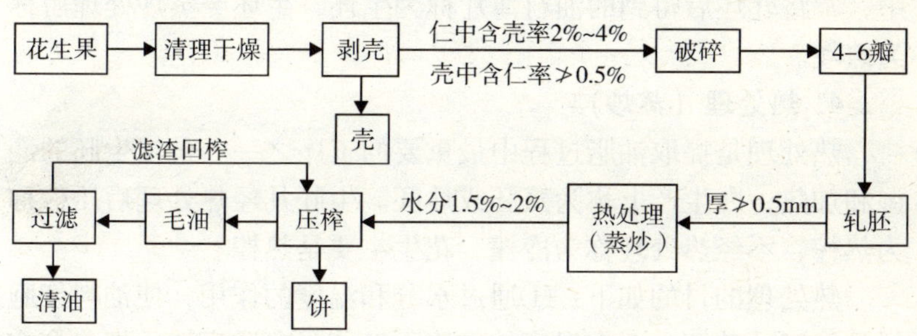

图2-2　花生油压榨工艺流程

1. 花生果的清理干燥

进入油厂的花生果难免会夹带着一些杂质，为了保证生产的顺利进行，必须尽量除去杂质。个别含水量高的花生果，为了剥壳方便，进行干燥处理是十分必要的。

清理方法很多，如风选法、颗粒筛选法、磨泥机粉碎筛选法、电磁筛选法等。根据杂质的情况选取适当方法。

2. 剥壳

剥壳的目的如下：①减少壳对油脂的吸附，提高出油率；②提高榨油机的处理量，减少对榨油设备的磨损；③利于轧胚，提高毛油质量；④提高饼粕的质量，利于综合利用。

剥壳的方法如下：主要采用花生剥壳机，工艺简单，仁、壳分离比较容易。剥壳的结果要使壳中含仁率不大于0.5%，仁中含壳率在2%～4%。

3. 花生的破碎与压榨

为了创造良好的出油条件，需要将花生仁破碎为4～6瓣，使通过20孔/英寸筛的粉末不超过8%，这样有利于轧胚。

轧坯是将花生油料粒状压成片的过程，所以又叫压片。生产中，常将轧坯后得到的油料薄片称为生坯，生坯经蒸炒处理后称为熟坯。

4. 热处理（蒸炒）

热处理是提取油脂过程中最重要的工序之一。包括生胚的润湿和加热，在生产上称为蒸胚或炒胚。生胚凡经热处理后压榨称为热榨，不经热处理称为冷榨。花生主要是热榨。

热处理的目的如下：①通过水分和温度的作用，使油料细胞得到彻底的破坏；②在温度的作用下，使蛋白质变性，把包含在蛋白质内部的油脂提取出来；③热处理可以降低油脂黏度，调整料胚的性能，使之能更好地承受压力，将油挤出。

在植物油厂，由于所采用的榨油机种类和其他辅助设备不同，其蒸炒的方法也就不一样。具体地说，一般具备蒸汽锅炉和立式蒸炒锅等设备条件的单位，往往选择润湿蒸炒方法，否则选择加热—蒸胚的方法。

5. 压榨

压榨机取油是目前国内主要的制油方法。其适应性强，工艺过程简单，设备的操作维修方便，同时生产比较安全。

由于采用的压榨设备型号不同，归纳起来主要有液压榨油机榨油和螺旋榨油机榨油两种。

（1）液压榨油机取油：目前使用的液压榨油机主要是 90 型液压机。这种榨油机除具有上述特点外，还具有不用动力或少用动力，配件消耗少，适于加工多种油料及操作要求不高等优点。因此，90 型榨油机可用于交通不便、油料品种复杂、原料数量不多的地区。

90 型榨油机榨油的设备主要包括压饼设备和压榨设备两个部分。

压饼设备：压饼设备通常称为压饼机，也有叫包饼机或做饼机的。压饼机多为各厂自制，因而种类很多，现主要介绍旋压式人力压饼机。旋压式人力压饼机是通过螺杆的作用使压饼盘上下移动，从而将熟胚在饼圈内压成圆形薄饼的一种压饼设备，其结构如图 2－3 所示。

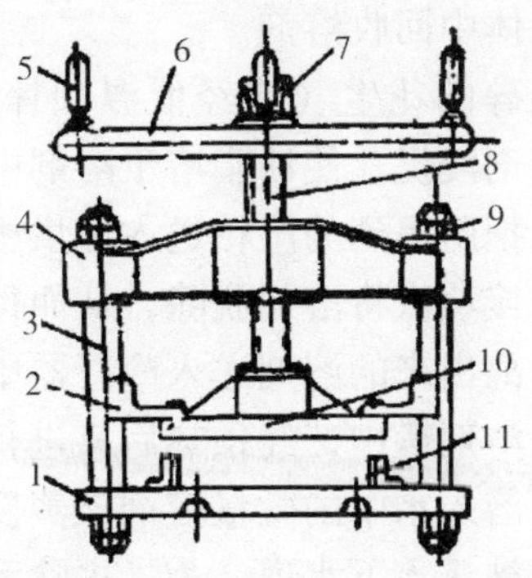

图 2－3　旋压式人力压饼机

1——底座；2——滑块；3——支柱；4——顶梁；5——手柄；6——飞轮；7——飞轮压紧螺母；8——螺杆；9——顶梁压紧螺母；10——压饼盘；11——定位铁

压榨设备：压榨设备主要由 90 型榨油机、油泵及配油安全阀、饼圈和垫板等组成。其中 90 型榨油机各地均有生产，所以种类较多，结构不一，油泵的型号也不少。

（二）浸出法（溶剂萃取法）

1. 原理

浸出法制油，就是用溶剂溶解出油料中的油脂，所以浸出过程实际上是物质传递过程。因此，传递过程的原理和公式同样适用于浸出过程。传递过程是分子运动的过程，它和温度、黏度、物质内部的阻力、物质的浓度、传递的时间有密切的关系。

影响溶剂法提油的主要因素有温度、压力、浓度、溶剂的黏度、接触时间、油料结构、原料的大小与厚度、溶剂的表面张力及密度等。

2. 操作流程

花生利用溶剂浸出取油的过程，一般可分为五个主要操作程序，即花生的预处理、溶剂浸出、混合油中的溶剂回收、粕的蒸烘脱溶和从不凝气体中回收溶剂。

浸出法是将粉碎的花生（或经低温预榨的花生饼粕）置于密闭容器中，用溶剂浸提，使油脂溶于溶剂中，然后再加热蒸发溶剂，留下粗油。把所得到的湿粕送入蒸烘机中，用水蒸气在夹套中加热，并用直接蒸汽将溶剂脱除，从而得到花生粕。把从蒸烘机和汽提塔中分离出来的溶剂送入冷凝器中，冷凝液流入分水器。上层溶剂流入溶剂罐中，经预热后又进行浸出。下层水流入废水罐中，加热后溶入水中的微量溶剂又蒸发出来，进入冷凝器再次冷凝，而废水被排入下水道。为了去除系统中积存的空气并使其保持正常压力，需不断地将不凝气体排出。由于不凝气体中含有溶剂，因此需将其送入溶剂回收设备，待溶剂回收后，将废气排出。最后再将回收得到的溶剂导入分水器中，如此循环进行浸出。

3. 浸提的方式及设备

浸提是浸出法制油的最主要工序，可分为间歇式和连续式两种。间歇式浸出法为分批操作，设备少，操作容易，出油率高，设备维修保养方便；其缺点是劳动强度大，生产能力低，适合于小型生产。连续式浸出法采用对流连续的浸出方法，操作方便，生产效率高，适用于大规模的脂肪提取。

（1）间歇式浸出法的方法与设备。罐组式浸出是最简单的一种浸出设备，主要设备统称为浸出器，包括：浸出罐、蒸馏设备或蒸馏罐、溶剂冷凝设备或冷凝器以及贮溶剂设备或贮溶剂池四个部分。浸出器的操作方法如图 2－4 所示。

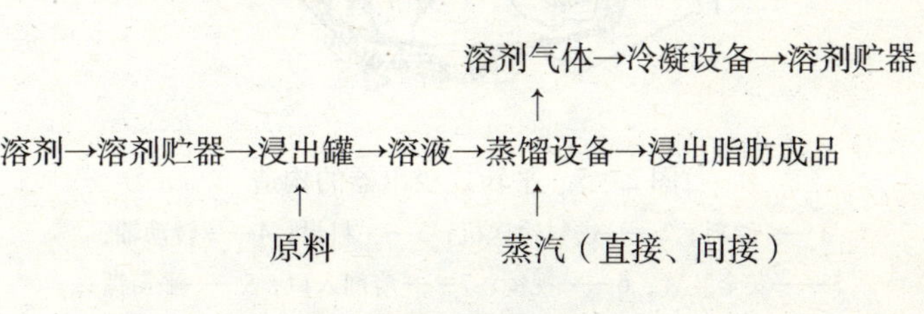

图 2－4　浸出器的操作方法

将原料放入浸出罐，溶剂从溶剂贮器加入浸出罐，使之与原料混合接触，并可用搅拌器协助混合，待浸出足够时间后，将溶液移于蒸馏设备内，吹入间接蒸汽，以蒸去大部分溶剂，必要时可吹入直接蒸汽，以除去剩余溶剂，溶剂气体直接导入冷凝设备使之冷凝贮入溶剂贮器中，以备再作浸提用。留存于浸出罐的子粕中尚有少量溶剂，也用蒸汽吹出。浸出的脂肪留于蒸馏设备中，可用直接蒸汽吹出剩余溶剂，即为浸出所得的成品。

（2）连续式浸出的方法与设备。连续式浸出的方法、设备很多，有平转式浸出器（如图 2－5 所示）、蒲尔门法等。平转式浸出器是一种喷淋浸泡和过滤相结合的浸出装置，它是一个沿着圆周方向连在一起的罐组式浸出器。油料在里面受到溶剂和混合油的多次逆流萃取，成为脱油的粕，溶剂将油分浸出，成为混合油，与粕分开。在平转式浸出器内，可以同时进行装料、浸出、沥干和卸料等操作。

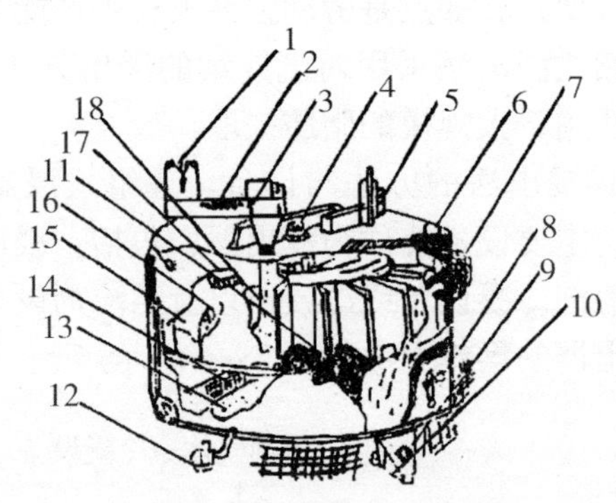

图 2-5 平转式浸出器的构造

1——原料；2——进料输送机；3——料封；4——转动轴；5——安全装置；6——视镜；7——溶剂入口；8——平衡锤；9——卸料装置；10——出粕输送机；11——筛网；12——循环泵；13——细末自动循环口；14——清理筛；15——粕与器壁；16——粕自然过滤层；17——溢流控制；18——溶剂与混合油分布器

该机使用范围较广，可适用于各种油料，由于采用高料位、大喷淋的方法，对比体积小、体积大、子粒小、糠蜡含量高的米糠也能浸提，并且工艺效果好。

溶剂浸出法和压榨法不同，浸出法是利用酒精、汽油、二氯乙烯等作为溶剂，溶解抽出油脂的方法。该法出油率高，成品色泽浅，含杂质少，制油后的残渣中含有丰富的蛋白质可予它用，但设备要求较高，如果精制不好则无法食用。对含油量高的原料，一般可以先采用压榨法榨油，再用浸出法从饼粕中提取剩余的油脂。

（三）水代法（水溶法）

水代法是利用水将油料细胞内的油脂提取出来的方法，又称水溶法、热水潜油法、稀碱液溶解法等等。这种方法在我国具有悠久的历史，小磨香油的制取就是这种方法的典型代表。它的优点是出油率高（仅次于溶剂浸出法），设备简单；缺点是出油太慢，油中水分、杂质含量高，易使成品变质。

1. 水代法制油

传统的小磨香油的制油法是水代法制油的典型代表。它的基本原理是根据油料中的非油物质对油和水的亲和力不同，以及油水的密度不同而将油分离出来。整个工艺过程以炒子、磨浆、对浆搅油和震荡分油四个工序为重点。

（1）炒子。炒子的作用是使料胚中的蛋白质受热变性凝聚，组织破坏，使分布于油料细胞中的微小油滴受热后聚拢起来，有利于出油。同时，使之变得香而酥脆，利于磨碎和具有油味。

（2）磨子。磨子是以机械作用将油料磨细，以充分破坏细胞组织。油料磨油后成为浆状的料酱。这时，固体物质浸润分散在油里面，与磨子前油滴分布于胶体内部的情况相反，因此，磨得越细越好。

（3）对浆搅油。对浆搅油是将沸水加入料酱中把油从料酱中取代出来。这是水代法制油过程中最关键的一环。油料经炒子、磨细后，细胞组织及胶体状态已被破坏，加入沸水后，油料中的非油物质——蛋白质、粗纤维等对水的亲和力大于油对水的亲和力，因此，能够将油取代出来。

（4）震荡分油。对浆搅油阶段结束后，虽然大部分油已从渣酱中分离出来，浮于上面，但尚有一部分油脂呈大小不一的油滴分散地被裹在渣浆里面。通过震荡作用能将这些油滴挤压出来，使小油滴之间互相碰撞，结成大油滴而上浮。这种方法由于出油太慢，生产能力太低，不适于大量生产花生油的需要。

2. 稀碱液溶解分离法

这种方法是在水溶法一般原理的基础上，根据稀碱液能够大量溶解种子中的蛋白质的原理，在蛋白质和油脂含量均很高的花生酱中加入数倍稀碱液，来达到油脂和蛋白质向上向下双向分离的目的。稀碱溶液分离法工艺流程如图 2－6 所示。

花生果 —脱壳→ 花生仁 —脱种衣/去杂质→ 低温烘干 ——→ 磨浆 ——→ 在料酱中加入数倍稀碱液

稀碱液 ↗ 油脂上浮→从溶液中分离出来→加热脱水→花生油

稀碱液 ↘ 蛋白液 —加盐酸/等电点pH→ 蛋白质凝聚沉淀 —烘干→ 花生蛋白粉

图 2－6　稀碱溶液分离法工艺流程

稀碱液溶解分离法，不仅能提取优质花生油，而且还得到了营养价值很高和具有良好功能特性的花生蛋白粉。所用溶剂是水，廉价无毒，使用安全。这种加工方法设备简单，操作方便，适用于中小榨油厂。它克服了压榨法的饼粕只能作饲料或肥料，造成蛋白质大量浪费的不足；弥补了浸出法虽可提取花生油和蛋白质，但对有机溶剂要求严格、成本较高的缺陷的同时可直接制取优质花生油，不需要再通过精炼即可食用，是一种大有前途的先进制油方法。

二、花生油的精炼

从压榨法和溶剂浸出法制取的油脂并非全是纯净的脂肪酸甘油酯的混合物，尚含有内在的和外来的杂质，如泥灰、水分、榨布纤维、溶剂、甾醇、蜡质、色素、碳水化合物、蛋白质及具有滋味和气味的物质等。制油企业应根据不同的需要，采取不同的精炼方法，除掉油脂中不良的成分。例如，供食用的油脂必须呈中性；作长期保藏的油脂必须是已除去水分、含氮物质以及微生物的营养物质。常用的精炼油脂的方法有以下几种。

（一）澄清过滤

澄清过滤用以分离不溶性的悬浮物及部分胶溶性物质。在澄清过程中，由于杂质形成的胶体的陈化或其他原因从油中析出而被除去。澄清和过滤常用的设备是压滤机及离心机。用压滤机热滤时油液的温度应在55℃以上，若待油液冷却后再进行过滤，则部分蛋白质、磷脂、黏液素等胶体物质因溶解度之降低，也会滤去一部分。

（二）碱炼

碱炼工艺分间歇式和连续式两种。间歇式用于小型企业，其工艺过程如图2－7所示。

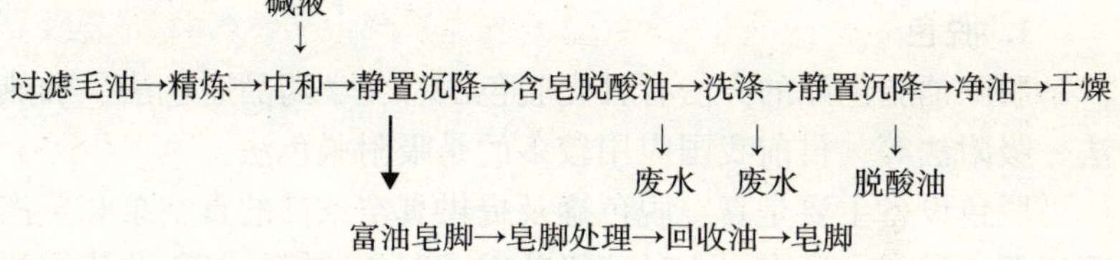

图2－7　间歇式碱炼工艺流程

用 NaOH 或 Na_2CO_3 的溶液来精炼油脂，使其和游离脂肪酸结合成盐类，即所谓的肥皂。

最常用的碱是 NaOH，它具有较好的脱色效果，但缺点是会皂化中性油。所以浓度不易过大，一般碱炼酸价5以下的毛油，用35～45g/L 的稀 NaOH 溶液；酸价5～7的毛油，用85～105g/L 的中等浓度的 NaOH 溶液；酸价更高的则用更浓的碱液。

碱炼时的油温，对于稀碱液取90～95℃；对于中等浓度的碱液，取50～55℃；对于浓碱液取20～40℃。

碱炼时间需1～1.5小时，中和后静置4～6小时，除去沉淀的皂脚。若沉淀困难，则对于稀碱液处理后的液油再升温至95～100℃，加入2%～2.5%、浓度为8%～10%的NaCl溶液，以加速皂脚之沉淀。皂脚沉淀后排去，再将油液用热水洗涤，除去残余的碱液。

（三）水化

水化法也称水洗作业或脱胶工程，即用一定量的热水或很弱的碱液、盐或其他物质的水溶液在搅拌下加入热油液中，使磷脂、蛋白质与磷脂的结合物、黏液素等胶体凝聚而沉淀的方法。水化后，油的酸价下降0.1～0.4，这是由于两性蛋白质之沉淀及部分有机酸之溶入水中之故。水化的温度一般为40～50℃，水化后静置1～1.5小时，使胶体凝聚沉淀后排除。

（四）脱色、脱臭

1. 脱色

脱除油脂色泽的方法有日光脱色法、化学药品脱色法、加热法、吸附法等，目前我国应用较多的是吸附脱色法。

脱色设备主要是真空脱色罐及提供真空条件的真空泵和蒸汽喷射泵；另外，还有白土过滤机及需配制的贮罐。其工艺流程如下：水洗后碱炼油→脱色罐→预脱色油过滤机→脱色罐→复脱色油过滤机→脱色油。

2. 脱臭

由于油料本身所含特殊成分和油脂在贮藏、制取过程中发生水解、氧化所生成的产物（酮醛、游离酸、含硫化合物），或在油脂精炼过程中带来异味：如压榨过程中料胚过分受热生成的焦味，浸出过程中的微量溶剂味，碱炼油没有水洗干净带有肥皂味，脱色油带有白土味，这些特殊气味通称为臭味。脱除油中臭味物质的精炼工序称之为脱臭。

油脂脱臭机理：脱臭机理即用水蒸气通过含有臭味组分的油

脂，使汽—液表面相接触，水蒸气被挥发出的臭味组成所饱和，并按其分压的比率逸出，从而去掉油脂中含有的臭味。

脱臭设备主要有脱臭罐、冷却罐，提供真空采用的三级蒸汽喷射泵或机械真空泵。

其脱臭流程为：脱色油→脱臭罐→冷却罐→过滤机→成品油。

第三节　菜子油

一、菜子油的生产工艺

菜子油的制取多采用预榨—浸出工艺，见图2－8所示。

油菜子→清理→软化→轧胚→蒸炒→预榨→预榨饼→浸出→混合油蒸发汽提→浸出毛油
蒸炒↓过滤↓毛油
预榨饼↓脱溶→菜子粕

图2－8　菜子油的生产工艺流程

油菜子原料采用振动筛或平面回转筛筛选除杂。由于油菜子中含有较多的“并肩泥”，还需采用立式圆打筛把并肩泥打碎、筛出并用吸风除去。清理后的净菜子含杂质量应低于0.5%。新收获的油菜子一般不需软化，但对含水分低的油菜子需采用层式软化锅于水分9%、温度50～60℃条件下软化12分钟。然后采用立式轧胚机或对辊轧胚机把油菜子轧成厚度0.35毫米的胚片，油菜子进入轧胚机之前须先用永磁滚筒将物料中所含铁杂除去。菜子生胚经辅助蒸炒锅和榨机蒸炒锅蒸炒后，进入ZY－24型预榨机的熟胚含水分4%～5%、温度110℃。预榨出油经过滤后得预榨菜子毛油送去精炼。预榨饼送至浸出车间进行浸出，溶剂比为1∶(0.8～1)。混合油经预处理、蒸发、汽提得浸出菜子毛油送去精炼。浸出湿粕采用高料层蒸烘机或立式高料层蒸脱机脱溶后，即得菜子粕。

二、菜子油的精炼

（一）过滤

毛油升温至 30 ～32℃，并以 60 转/分钟的速度进行搅拌，以除去油中气泡。加入油重 0.1% ～0.2% 的磷酸（质量分数为 0.5% 的工业磷酸）再搅拌 30 分钟左右。

（二）加碱中和

碱液加入质量为油质量 1.5% 的液体烧碱和油质量 0.5% 的液体泡花碱混合液进行碱炼。先快速（60 转/分钟）搅拌 10 ～15 分钟，继以慢速（27 转/分钟）搅拌 40 分钟。

（三）静置沉淀

中和慢搅 40 分钟后升温至 50 ～52℃，继续慢速搅拌约 10 分钟，待油皂分离后即停止搅拌，并关闭间接蒸汽。静置沉淀 6 小时左右，再将油皂分离。

（四）水洗

将分离皂脚后的净油在搅拌下升温至 85℃，然后加入油质量 15% 而温度为 90℃的盐碱水（含 0.4% 烧碱和 0.4% 的工业用盐）。加水完毕后即停止搅拌，静置 30 分钟后可放出下层废水。废水放尽后仍控制油温在 35℃，再喷入 15% 的沸水（清水）。同样，加水完毕后即停止搅拌，静置 0.5 小时后再放掉下层废水。如此水洗 2 ～3 次。

（五）预脱色

开动真空泵将碱炼后的净油吸入预脱色锅内，升温至 90℃。在 99kPa 的真空度下干燥脱水 30 分钟。然后吸入少量酸性白土，搅拌 20 分钟。预脱色后，在真空下将油冷却至 70℃，再用齿轮泵送入压滤机过滤。

（六）脱色

将预脱色后的油吸入脱色锅内，在99kPa（740mmHg）以上的真空度下，将油升温至90℃，并吸入酸性白土100千克，活性白土60千克（按6吨油计），继续搅拌10分钟。脱色后，在真空下将油冷却至70℃，以齿轮泵送入压滤机过滤。

（七）脱臭

开动真空泵将脱色油吸入脱臭锅内。当间接蒸汽将油加热至90～100℃时，开始喷直接蒸汽，而油温升至185℃时，开始以三级蒸汽喷射泵抽真空，维持残压在400～666Pa，油温仍为185℃，脱臭约5小时。脱臭后在真空下将油冷却至30℃，过滤后即得精炼菜子油。

第四节 葵花子油

油用型葵花子的外壳多呈黑色或暗红色，剥去外壳后，子仁是乳白色，外包一层很薄的种衣，细看有茸毛。子仁由肥大的子叶、胚根及胚芽组成，内贮油脂和蛋白质。油用型葵花子含壳率为29%～30%，子仁含油约50%、含蛋白质约18%。

葵花子油的脂肪酸组成为：软脂酸为6.3%～7.1%、硬脂酸为2.7%～4.4%、油酸为15.4%～21.5%，亚油酸为66.1%～73.1%、亚麻酸为0～1.7%。其中饱和脂肪酸只占10%左右，不饱和脂肪酸高达90%，特别是亚油酸含量与玉米胚油相近，比大豆油还高。另外，葵花子油中含植物固醇400mg/100g油（以β-谷固醇为主），维生素E含量为60mg/100g油，几乎全部为α-型（即α-生育酚）。因此，葵花子的油是一种营养价值很高的植物油。葵花子毛油中含有少量蜡质（0.06%～0.2%），在精炼过程中可将其除去。

一、葵花子油的制取

葵花子油的制取多采用预榨—浸出工艺，其工艺流程如图2－9所示。

葵花子→清理→剥壳及仁壳分离→仁→调整→轧坯→蒸炒→预榨→过滤→预榨毛油
↓（剥壳及仁壳分离）壳
↓（预榨）预榨饼
↓
葵花子粕←脱溶←浸出→混合油蒸发、汽提→浸出毛油

图2－9　葵花子油的制取工艺流程

葵花子原料经振动筛筛选、风力分选箱风选后，进入立式离心剥壳机剥壳，然后于壳仁分离筛中分离。分离后葵花子仁中含壳率低于10%，壳中含仁率小于1%。仁经软化锅调整水分至8%～9%，温度为60℃。采用立式轧坯机或单对辊轧坯机将仁轧成厚度0.5毫米的生坯，经辅助蒸炒锅和榨机蒸炒锅蒸炒后，进入ZY－24型预榨机的熟坯水分为2%、温度为110℃。预榨出油经过滤后得预榨毛油送去精炼。预榨饼进行浸出，混合油经蒸发、汽提得浸出毛油送去精炼。浸出湿粕脱溶后得葵花子粕。

二、葵花子油的精炼

（一）葵花子二级油精炼工艺

与大豆二级油精炼工艺相同，仅预榨毛油需经过滤除杂后再进行水化脱胶。

（二）葵花子一级油精炼工艺

葵花子一级油精炼工艺流程如下：葵花子毛油→过滤除杂（浸出毛油一般不过滤）→低温碱炼→脱水或脱溶→葵花子一级油。

为了除去毛油中含有的少量蜡质，可采用低温碱炼工艺，使

蜡质与皂脚同时与油分离。碱炼初温为9℃左右，加入浓度为15°～16°Be′的碱液，同时添加油量1%～2%的硫酸铝（配成20%左右的水溶液），反应时间为70分钟左右，然后调整油温为16～18℃，使油与蜡皂分离。碱炼油经水洗、脱水或真空脱溶得到葵花子一级油。

（三）葵花子高级烹调油和葵花子色拉油精炼工艺

葵花子高级烹调油和葵花子色拉油精炼工艺流程如下：葵花子毛油→过滤除杂（浸出毛油一般不过滤）→碱炼脱酸（包括磷酸处理）→吸附脱色→蒸馏脱臭→冷却结晶脱蜡→葵花子高级烹调油或色拉油。

葵花子毛油的碱炼脱酸、吸附脱色、蒸馏脱臭等工序操作方法及条件与菜子高级烹调油或色拉油的操作相同。脱臭后葵花子油中还含有少量蜡质，将其泵入预冷结晶罐内于8小时内由40℃冷却到10℃左右，然后转入结晶罐内于12小时内降至6℃左右，保持4小时后即先以位差自流过滤，然后用压缩空气压滤分离油和蜡。该液体油即为成品葵花子色拉油。

第五节　食用调和油

调和油就是用两种或两种以上纯净的食用油脂，按营养科学比例，调配成的一种高档膳食用油。

一、调和油的分类

（一）营养调和油（或称亚油酸调和油）

营养调和油一般以向日葵油为主，配以大豆油、玉米胚油和棉子油，调制亚油酸含量为60%左右，油酸含量约30%，软脂含量约10%。

（二）经济调和油

经济调和油以菜子油为主，配以一定比例的大豆油，其价格比较低廉。

（三）风味调和油

风味调和油就是以菜子油、棉子油、米糠油与香味浓厚的花生油按一定比例调配成“轻味花生油”，或将前三种油与芝麻油以适当比例调合成“轻味芝麻油”。

（四）煎炸调和油

煎炸调和油是指用棉子油、菜子油和棕榈油按一定比例调配，制成含芥酸低、脂肪酸组成平衡、起酥性能好、烟点高的煎炸调和油。

（五）高端调和油

山茶调和油、橄榄调和油，都属于高端调和油，主要以山茶油、橄榄油等高端油脂为主体。

二、调和油的加工

调和油的加工比较简便，在一般精炼车间均可进行调制，不需特殊设备。

（一）调和油的原料及配方

调和精炼油的原料油主要是高级烹调油或色拉油，并使用一些具有特殊营养功能的一级油，如玉米胚油、红花子油、紫苏油、浓香花生油等。而调和高级烹调油和调和色拉油的原料油则全部是高级烹调油或色拉油。各种油脂的调配比例主要是根据单一油脂的脂肪酸组成及其特性调配成不同营养功效的调和油，以满足不同人群的需要。在满足一定营养功效的前提下，尽量采用当地丰富的、价廉的油脂资源，以提高经济效益。此外，调和油中常加入少量的抗氧化剂及其他添加剂，应符合 GB 2760《食品添加剂使用卫生标准》的要求。

（二）调和油的生产

配制风味调和油时，先计量全精炼的油脂，将其在搅拌的情况下升温到 35 ～ 40℃，按比例加入浓香味的油脂或其他油脂，继续搅拌 30 分钟，即可储藏或包装。如调制高亚油酸营养油时，需在常温下进行调和，并需要加入一定量的维生素 E 作抗氧化剂。如调制饱和度高的煎炸油时，调和温度需要高些，一般为 50 ～ 60℃，还需要加入一定量的抗氧化剂。

粉末调味油的做法：将乳化剂溶解于调味油中，得油相。另外，将蛋白质、碳水化合物、六偏磷酸钠添加到水中，使之溶解。向水溶液中添加油相，同时不断搅拌进行预乳化。然后用高压均质机进行均质化处理，得到水包油型调味油乳化液。将乳化液喷雾干燥，得到粉末调味油。喷雾干燥可使用喷嘴式喷雾机（压力为 100 ～ 500kPa）或圆盘式喷雾机（15 000 ～ 30 000 转/分钟）。用喷雾机向 200℃ 的热风中喷出乳化液，蒸发掉水分，得到粉末调味油。其中要用甘油酯、山梨糖酯、蔗糖酯、丙二醇酯和磷脂等乳化剂。甘油酯的用量为 0.5% ～ 3%，最好为 1% ～ 2%。碳水化合物可用阿拉伯胶等天然胶质、糊精和玉米淀粉等。单独使用或混合使用均可，用量为 9% ～ 29%，用量低于 9%，会使蛋白质量相对增多，调味油的风味不易散发；用量超过 29%，粉末调味油易加热褐变，而且会浸油，降低粉末油脂的流动性。在调制水包油型乳化液时，为了提高蛋白质的分散性，需使用磷酸钠或六偏磷酸钠，用量为 0.1% ～ 1%，最好为 0.3% ～ 0.7%；蛋白质用量为 1% ～ 6%。

第三章　薯类加工业

第一节　马铃薯

一、概述

（一）马铃薯的起源与分布

马铃薯又名洋芋、土豆、山药蛋、地蛋、荷兰薯等，是一年生的茄科植物。马铃薯起源于南美洲大陆的秘鲁和玻利维亚等国的安第斯山脉高原地区，栽培的历史可追溯到7 000年以前。但引种到世界各地种植的历史只有400年左右，与其他主要农作物相比，其栽培利用的历史比较短。大约在1 570年被西班牙人带回到西班牙和葡萄牙种植，而后传入意大利和欧洲各地。可能在17世纪初（明末）由欧、美传教士把马铃薯带进我国，所以我国许多地方称马铃薯为洋芋。

据联合国粮农组织（FAO）统计，到2000年全世界种植马铃薯的国家和地区已达到144个。在全世界的粮食作物中，马铃薯的总产量排名第四，仅次于玉米、水稻、小麦，是四大粮食作物之一。在过去的近10年中（1990—2000年），全球每年马铃薯的种植面积保持在1 900万公顷左右。马铃薯种植面积较大的国家有中国（400万公顷）、俄罗斯（约320万公顷）、印度（约130万公顷）和波兰（120多万公顷）等。

（二）马铃薯的化学组成

马铃薯块茎中富含淀粉、维生素和糖，其块茎的主要物质见表3－1。它的主要化学组成及分布分述如下。

表3-1 马铃薯块茎的主要物质含量

（单位：/%）

物质	最小含量	最大含量
水分	63.2	86.9
淀粉	8	29
维生素	0.2	3.5
糖	0.1	8.0
含氮物质（粗蛋白质）	0.7	4.6
脂肪	0.04	0.1
矿物质	0.4	1.9
有机酸	0.1	1.0

1. 淀粉和糖分

马铃薯淀粉由直链淀粉与支链淀粉组成，支链淀粉占淀粉总量的80%左右。糖分占马铃薯块茎总质量的1.5%左右，主要为葡萄糖、果糖、蔗糖等。新收获的马铃薯块茎中含糖分少，经过一段时间的贮藏后，糖分增多。尤其是在低温贮藏时对还原糖的积累特别有利，糖分多时可达鲜薯重量的7%。

2. 含氮物

马铃薯块茎中的含氮物包括蛋白质和非蛋白质两部分，而以蛋白质为主，占含氮物的40%～70%。在马铃薯的含氮物中，有天冬氨酸、组氨酸、精氨酸、赖氨酸、酪氨酸、谷胱甘肽、亮氨酸、乙酰胆碱等。淀粉含量低的马铃薯块茎中含氮物多，不成熟的块茎中含氮物更多。

3. 脂肪

在马铃薯块茎中，脂肪主要是由甘油三酸酯、棕榈酸、豆蔻酸及少量的亚油酸和亚麻酸组成的。

4. 有机酸

马铃薯块茎中的有机酸主要有柠檬酸、草酸、乳酸、苹果酸，其中主要是柠檬酸。

5. 维生素

马铃薯中含有多种维生素，它们主要分布在块茎的外层和顶部，目前在马铃薯中已发现的维生素有维生素 A、维生素 B_1、维生素 B_2、维生素 B_6、维生素 P 及维生素 C，其中以维生素 C 为最多。

6. 酶类

马铃薯中含有淀粉酶、蛋白酶、氧化酶等。氧化酶有过氧化酶，细胞色素氧化酶、酪氨酸酶、葡萄糖氧化酶、抗坏血酸氧化酶等。这些酶主要分布在马铃薯能发芽的部位，并参与生化反应。马铃薯在空气中的褐变就是其氧化酶的作用。通常防止马铃薯变色的方法是破坏酶类或将其与氧隔绝。

7. 茄素（龙葵素）

茄素是一种含氮配糖体，有剧毒。茄素的含量以未成熟的块茎为多，占鲜薯质量的 0. 56% ～1. 08% 。其含量以外皮为最多，髓部最少。品种不同，其茄素含量也不同。高的每 100 克鲜薯可达 20 毫克，低的每 100 克鲜薯只有 2 ～10 毫克。如果每 100 克鲜薯中的茄素含量达到了 20 毫克，食用后人体就会出现中毒症状。

8. 灰分

马铃薯块茎中的灰分占干物质质量的 2. 12% ～7. 48% ，平均为 4. 38% 。其中以钾为最多，约占灰分总量的 2/3，磷次之，约占灰分总量的 1/10。马铃薯块茎中的其他无机元素有钙、镁、硫、氧、硅、钠及铁等。

二、马铃薯淀粉的生产

（一）生产工艺流程

马铃薯块茎中的淀粉颗粒包含在构成块茎植物细胞的特殊细胞里，在细胞里淀粉颗粒含在细胞液中。生产马铃薯淀粉的主要任务是尽可能地破坏大量的马铃薯块茎的细胞壁，从释放出来的淀粉颗粒中消除可溶性及不溶性杂质，得到纯净的马铃薯淀粉。马铃薯的淀粉加工工艺流程如下：马铃薯→清洗→粉碎→分离→精制→脱水→干燥→筛分→包装→成品。

（二）工艺操作要点

1. 马铃薯的清洗

将鲜马铃薯放在盛有清水的木桶或缸内，人工清洗干净。洗好后，在喷水笼头下冲洗，再沥去余水。

2. 马铃薯的粉碎

将清洗干净的马铃薯用磨碎机磨成粉浆。

3. 分离

先用离心筛筛分，把淀粉渣分离出来，再用喷嘴离心机分离出马铃薯蛋白质，最后用分离机分离并提取出淀粉。按干基计，淀粉中含渣量不应大于8%，而粉渣中游离淀粉含量不应超过3%～4%。

4. 精制

分离得到的淀粉乳还需进行精制。在精制过程中，先要除去含有可溶性蛋白与水的混合物，然后进一步除去极细的纤维渣。近年来，精制采用旋液分离器进行。

5. 淀粉脱水干燥

精制后的湿淀粉乳含水量约为50%，不易贮存，应将其干燥成干淀粉。

三、马铃薯制糖

利用淀粉或淀粉质原料生产的糖品统称为淀粉糖。随着酶技术的发展，淀粉糖工业发展迅速。使用酶技术以淀粉为原料生产糖品，不仅不受地区和季节的限制，而且具有对生产条件的要求不高，设备简单，投资少，耗费燃料、电力少的优点。除此之外，通过工艺条件的改变可得到不同的糖品。

马铃薯含有大量的淀粉，是加工淀粉糖浆的理想原料。生产淀粉糖时可根据不同的目的和产品的要求，选择鲜薯、粗淀粉或精淀粉为原料，也可选择不同的工艺进行生产。

（一）马铃薯制麦芽糊精

1. 生产工艺流程

马铃薯制麦芽糊精生产工艺流程为：淀粉调浆→加 α－淀粉酶液化→升温灭菌→脱色→过滤→真空浓缩→浆状产品→喷雾干燥→粉状产品。

2. 操作要点

（1）调浆。先将淀粉调成 21 波美度，再用碳酸钠溶液将 pH 值调到 6.0～6.5，用醋酸钙调节钙离子浓度为 0.01mol/L。

（2）液化。加入一定量的液化酶，用喷射液化器进行糊化、液化。淀粉浆的温度从 35℃升高到 148℃，经过液化的淀粉浆由喷射液化器下方卸出，引入保温罐中，在 85℃时再把剩余的酶加入，放置 20～30 分钟。经过液化的液化液，葡萄糖值可达到 15～22，pH 值 6～6.5。

（3）脱色过滤。在液化液中直接加入活性炭，混合均匀，脱色 20～30 分钟。然后利用板框过滤机进行过滤，使之成为物色透明的液体。

（4）浓缩。在真空浓缩蒸发器中将糖液进行浓缩，通过浓缩使麦芽糊精的浓度从 35% 增加到 60% 左右。

（5）喷雾干燥。将浓缩后的麦芽糊精喷雾干燥，使之成为疏松粉状麦芽糊精。其粉状产品需要严密包装，以防受潮。

四、马铃薯食品的加工

（一）马铃薯淀粉类食品——粉丝的加工

1. 生产工艺流程

粉丝的生产工艺流程为：淀粉→打芡→和面→漏粉→冷漂→晾晒→包装→成品。

2. 工艺操作要点

（1）打芡。将少量马铃薯湿淀粉用热水（50℃）调成稀糊状（淀粉和水的比例为1∶2），再加入少量沸水使其升温，然后再用大量沸水猛冲，并用木棍或竹竿等不断搅拌，约10分钟后，粉糊即可被搅拌成透明的糊状体，即为粉芡。

（2）和面。待粉芡稍冷后，加入0.5%明矾和剩余的马铃薯淀粉，利用和面机进行搅拌，揉成软面团。粉芡的用量占和面的比例：冬季为5%，其他季节为4%。和面温度约为30℃，和成面团含水量在48%～50%。

（3）漏粉。将水入锅加热至97～98℃后，将和好的面团放入漏粉机的漏瓢内，开动漏粉机，拉成的粉丝落入锅内凝固，待粉丝浮出水面时，随即捞出冷却。

（4）冷漂。粉丝冷却后用小竹竿卷成捆，放入加有5%～10%酸浆的清水中浸泡3～4分钟，捞起晾透，再用清水浸漂一次。

（5）晾晒。将浸漂好的粉丝运到晒场上晒干，当粉丝含水量为13%～15%时，即可入库包装，继续干燥后即成成品。

（二）马铃薯制品——油炸成型马铃薯片

1. 工艺操作流程

油炸成型马铃薯片的生产工艺流程为：脱水马铃薯片→粉碎→混合→压片→成型→油炸→成品。

2. 操作要点

（1）粉碎。将脱水马铃薯片利用粉碎机粉碎成细粉。

（2）混合。乳化剂、磷酸盐和抗氧化剂等先用适量温水溶解，然后加入配方中规定的所有水量与马铃薯粉混合成均匀的面团。为了防止马铃薯中的还原糖对成品色泽的影响，可以在面团中加入少量活性酵母，先经过发酵消耗掉面团中的可发酵还原糖。

（3）压片、成型。面团由辊式压面机压成 3 毫米厚的连续的面片，然后用切割机切成直径为 6 厘米左右的椭圆薄片。

（4）油炸。成型好的薯片在油温为 160 ～ 170℃的油中炸 7 秒钟，炸好后在薯片表面均匀撒成盐即可。

（三）马铃薯发酵食品——食醋

1. 原料配方

原料配方包括：马铃薯 100 千克、高粱 5 千克、米糠 50 千克、曲种 5 千克。

2. 工艺流程

食醋的生产工艺流程为：原料选择→清洗→蒸煮→捣碎→配料→入瓮发酵→拌醋→熏醋→淋醋→包装→成品。

3. 操作要点

（1）原料选择。可选择小薯块、收获时破损的薯块和不规则劣质薯块用来加工食用醋。用这些劣质的块茎加工食用醋是一个变废为宝的致富门路。

（2）清洗。把选择好的准备加工的薯块筛净泥土，利用清水冲洗干净。

（3）煮熟。将清洗干净的马铃薯装入铁锅中加水煮熟，一般从锅上见汽开始煮 20 ～ 25 分钟。

（4）捣碎。利用木杆或木槌，将煮好的马铃薯捣碎，捣成豆粒状或泥状。

（5）入瓮加曲种发酵。将捣碎的薯泥装入发酵瓮中，当装到离瓮口20厘米时，将5千克高粱糁掺入瓮中，再将发酵用的曲种5千克碾碎加入发酵瓮中，用木棒搅匀，让其在25℃的室内温度下进行发酵。一般发酵需14天时间，当瓮中冒气泡，嗅到有醋酸味时即为发酵成功，便可以开始拌醋。

（6）拌醋。准备60～80厘米口径的大瓷盘，将其洗干净，装入7～8千克米糠或高粱壳，再把发酵好的马铃薯醋料拌入，用水搅拌并双掌对擦。将擦拌后的醋坯大盆置于温度较高的地方，或放在25～30℃的室内，盆上用棉被严密覆盖。拌好的醋坯一定要每天搅拌，要做到拌匀、周到。如拌好的醋坯到14天时，颜色变为红色，并有很香的醋酸味，能反复品尝出很浓的醋酸味，说明拌醋已经成熟。

（7）熏醋。将拌好的成熟的醋坯装入熏缸中，熏制3～4小时，当把醋坯熏成酱红色时，便可以进行淋醋。

（8）淋醋。把熏好的醋坯装入下部有淋出口的瓷缸中，底部再置一醋缸，然后将醋坯装好，用烧开的沸腾水加入淋缸中，反复淋出醋液，这样淋出的醋即为食用醋。

一般100千克马铃薯加入100升水能淋出100升食用醋。当醋坯淋到由红变黄、色浅味淡时，就可以停止淋醋。将各次淋出的醋均匀地混合在一次，经过杀菌、包装即可贮藏或上市销售。

（四）马铃薯粉制品——马铃薯全粉

马铃薯全粉是由马铃薯去皮、护色、切片、干燥等工序加工过后得到的产品。它是马铃薯食品工业的基料，可制成全营养、多品种、多风味的方便食品。

1. 工艺流程

马铃薯全粉的生产工艺流程为：原料马铃薯→挑选→清洗→去皮→切片→蒸煮→调整→干燥→筛选→检验→包装。

2. 操作要点

（1）原料选择。选择芽眼浅、薯形好、薯肉色白的原料，除去带霉斑和腐烂薯块。

（2）清洗。除去沙土和杂质，再进行清洗。

（3）去皮。清洗后的马铃薯批量装入蒸汽去皮机，在 5 ～ 6Mpa 压力下加温 20 秒，使马铃薯表面生出水泡，然后用流水冲洗外皮。去皮过程中要注意添加褐变抑制剂，再用清水冲洗。

（4）切片。去皮后的马铃薯被切片机切成厚 8 ～ 10 毫米的片。

（5）预煮、蒸煮。先经预煮，温度为 68℃，时间为 15 分钟，随后蒸煮，温度为 100℃，时间 15 ～ 20 分钟。蒸煮结束后在混料机中将蒸煮过的马铃薯片断成小颗粒，粒度为 0.15 ～ 0.25 毫米。

（6）调整。将马铃薯颗粒降温至 60 ～ 80℃。

（7）干燥、筛分。将马铃薯颗粒进行干燥，干燥温度进口时为 140℃，出口时为 60℃。物料经筛分机筛分后，将成品送到成品间贮存。

第二节 甘 薯

一、概述

甘薯，旋花科甘薯属，蔓生性草本植物。在我国各地别名很多，有白薯、红薯、地瓜、山芋、红芋、番薯、红苕等。原产于美洲，引进我国已有 400 余年的栽培历史。甘薯产量高，适应性强，繁殖及栽培简单，在我国从南到北广为栽种。

甘薯原是粮食作物之一，也是工业原料和饲料作物。随着我国粮食生产的不断发展，人们直接食用甘薯越来越少，目前甘薯生产正在逐步向综合加工利用及商品化方向转化。从甘薯的开发利用来看，它已不是过时的粮食作物，而是一种用途极广的经济作物。

（一）甘薯的生产概况

世界上共有 111 个国家栽培甘薯，栽培面积约 904.6 万平方公里，总产量为 13 675.6 万吨。我国是最大的甘薯生产国，种植面积和总产量分别约占世界的 70% 和 85%，常年种植面积 600 万公顷以上，仅次于水稻、小麦和玉米。甘薯在中国分布很广，以淮海平原、长江流域和东南沿海各省最多，分为 5 个薯区：①北方春薯区；②黄淮流域春夏薯区；③长江流域夏薯区；④南方夏秋薯区；⑤南方秋冬薯区。

（二）甘薯的化学成分

甘薯的化学组成因其所生长的土质、品种、生长期长短、收获季节等的不同而有很大的差异。一般甘薯块根中含 60% ～ 80% 的水分，10% ～ 30% 的淀粉、5% 左右的糖分及少量蛋白质，油脂、纤维素、半纤维素、果胶、灰分等。据菲律宾资料报道，甘薯的蛋白质含量虽不及某些蔬菜和豆类高，但是单位面积生产的薯块和茎蔓能供给蛋白质的人数，比水稻多 24 人，比玉米多 45 人。

甘薯的维生素含量丰富。据报道，其维生素 B1 和维生素 B2 的含量为米面的 2 倍左右；维生素 E 的含量为小麦的 9.5 倍；纤维素的含量为米面的 10 倍左右；维生素 A 和维生素 C 含量均高，而米面为零。

甘薯茎蔓也含有丰富的蛋白质、胡萝卜素、维生素 B2、维生素 C 和钙、铁质，尤其是茎蔓的嫩尖更富含以上营养成分，可做蔬菜食用。

二、甘薯淀粉类的加工

（一）甘薯淀粉的加工

甘薯淀粉的生产即在水的参与下，借助于淀粉粒不溶于冷水及比重比其他成分大的性质，使淀粉、薯渣及可溶性物质相互分离，从而获得较纯的成品淀粉。

生产甘薯淀粉因所用原料的状态不同，分为鲜薯淀粉和薯干淀粉两种生产工艺。鲜薯由于不便于运输和贮存，多半在收获后立即加工，季节性很强，不能满足工厂长年生产的需要。所以，鲜薯淀粉生产多属小型工厂或农村传统手工生产。工业化生产是以薯干为原料，技术先进，产量高，淀粉得率可达80%以上。

鲜薯淀粉的生产大多采用传统酸浆沉淀法。此方法优点是生产出的淀粉洁白、纯净、综合利用价值高。但是这种方法也有一定的缺点，其生产工艺复杂，技术不易掌握，加工量小，并受酸浆的限制，不适应于甘薯产地较大规模的机械加工。

1. 工艺流程

甘薯淀粉的加工工艺流程如图3-1所示。

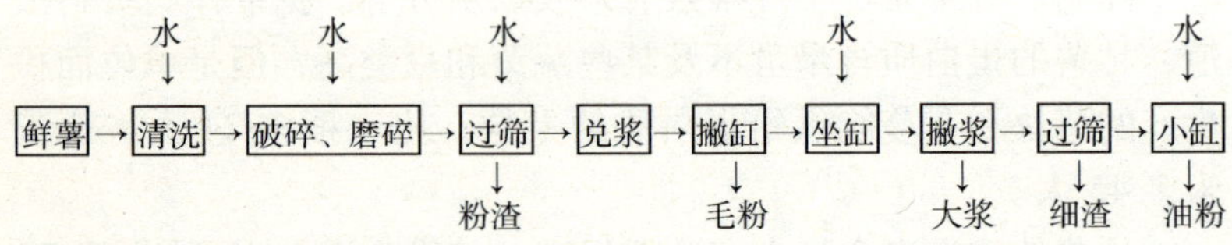

图3-1 甘薯淀粉的加工工艺流程

2. 工艺操作要点

(1) 清洗。将鲜甘薯放在盛有清水的木桶、水泥池或缸内用人工清洗，然后在喷水龙头下冲洗，再沥去余水。

(2) 破碎。洗净的鲜甘薯用人工或破碎机破碎成大小约2厘米的方碎块。重量和加水量的比为1:(3～3.5)。为了使淀粉乳容易沉淀，可在磨碎时加入少量的石灰水（100毫升水中加石灰0.35千克）。磨碎细度以每毫升淀粉乳中含有直径超过2毫米以上的大颗粒以5～8粒为合格。

（3）过筛。将薯糊倒入孔径为60目的铜丝箩和马尾箩的手筛中，然后分数次倒入小浆和大浆，不断搅拌；箩底剩下的粉渣加水淋洗，待浆水滤净后，粉渣集中可用作饲料或制酒。

（4）兑浆。将过筛得到的淀粉乳倒入沉淀缸中，随即按比例加入大浆和水调整淀粉乳的酸度和浓度，用木棒充分搅拌后，让其静置沉淀。沉淀过程中淀粉乳的酸度和浓度对淀粉和蛋白质的分离有着密切的关系，所以应调节溶液的pH值。根据生产经验，大浆最佳pH值为3.6～4.0，当缸中淀粉乳浓度为3.5～4.0波美度，加入大浆的量为淀粉乳量的1/50，此时淀粉乳的pH值在5以上。若气温高、发酵快，大浆用量可酌量减少。

（5）撇缸。兑浆静置沉淀完成后，即可进行撇缸，将上层汁液用瓢取出或由缸的开口处放出，留在缸底层的为淀粉。

（6）坐缸。在撇缸后底层的淀粉中，仍含有一定量的杂质，因此进一步通过水洗的方法将杂质排去。注入清水时，不停地搅拌使其再成为淀粉乳，然后静置沉淀。在沉淀过程中，酸浆发酵，故称坐缸。应控制温度和时间，坐缸温度约为20℃，一般坐缸时间约24小时。

（7）撇浆。坐缸所生成的酸浆称为大浆。撇浆即是将上层酸浆，取出作为兑浆之用。发酵正常的大浆有清香味，浆色洁白如牛奶；若发酵不足或发酵过头的大浆，色泽和香味均差，作为兑浆用，效果不佳。

（8）过筛。撇浆后的粗淀粉含杂质仍较多，必须再过筛一次。将粗淀粉置入120目细筛上，加水1∶1稀释进行过筛。

（9）小缸。过筛后的淀粉，仍含有少量杂质，注入清水洗涤，然后静置沉淀，约需24小时。此时应防止出现发酸现象。

（10）起粉。沉淀完毕后，上层液体称为小浆，取出后可与大浆配合使用，或作为磨碎用水。撇出小浆后，用铁铲将缸内淀粉取出。

(11) 吊包。铲出的淀粉，一船含水量为50%～60%，干燥前先置于洁净的白布中，悬挂脱水。

(12) 干燥。将脱水后的淀粉置于日光下或在烘房干燥到含水量14%以下，然后粉碎、过筛、包装。

(二) 甘薯变性淀粉的加工

甘薯淀粉由于具有冷水不溶性，且其糊液不稳定、易老化，被膜差，耐机械搅拌性和稳定性差，缺乏耐水性和乳化能力等，因此它的应用受到了限制，不能适应食品、医药、造纸、纺织、冶金、建筑以及农林等方面发展变化的要求。为了扩大甘薯淀粉的应用范围，这就需要对它进行变性处理，改善原淀粉的高分子属性或增加新的性状，使其具有比原淀粉更优良的性质，起到原淀粉达不到的特殊效能，使之适于各种不同用途的要求。甘薯淀粉变性处理的方法主要是利用物理、化学或酶的方法进行处理，得到的淀粉称为变性淀粉。下面以酸变性淀粉为例介绍一下甘薯变性淀粉的生产。

1. 工艺流程

甘薯变性淀粉的生产工艺流程为：原淀粉→加水调制淀粉乳(比重约1.18)→加入盐酸，酸处理(温度为37～38℃，时间为3.5小时)→甩干→含酸变性淀粉乳→加入碳酸钠中和→甩干或吊滤→冲洗→湿酸变性淀粉→烘干→干酸变性淀粉。

2. 工艺操作要点

(1) 调制淀粉乳。称取10千克甘薯淀粉，置于搪瓷锅中，在搅拌下加入适量自来水，搅拌均匀。

(2) 酸解。淀粉乳升温到37～38℃，加入约3升10N盐酸，恒温酸解3.5小时。

(3) 回收酸液。将酸变性淀粉乳泵入不锈钢甩干机中，开机甩干约20分钟，加入4升自来水，再甩干约5分钟，回收酸液。

（4）中和。用5N（摩/升）碳酸钠溶液中和含酸变性淀粉乳至pH值6左右，以终止淀粉的继续变性。然后甩干或吊滤。

（5）水洗。用自来水洗，除去由于中和产生的盐，洗至流出液无咸味为止。甩干或吊滤得湿酸变性淀粉。

（6）烘干。将湿酸变性淀粉在80℃以下温度下烘干至含水量低于12%，即得干的酸变性淀粉。

三、甘薯制糖

（一）饴糖的生产

1. 糖化

将甘薯淀粉加水调制成15～20波美度的淀粉乳，搅拌均匀后煮沸。煮时不断搅拌，以免烧焦，约30分钟糊化完毕。将糊化好的淀粉乳倒入浅木盘中迅速搅动，冷却到50～55℃，加入10%的麦芽粉，迅速搅拌。然后移入糖化槽中进行糖化，温度保持在55℃，经8～10小时糖化结束。糖化终点可用碘液检查，当加碘液无色或呈淡黄色，表示糖化已完成。糖化结束后即可高温煮沸，煮沸后立即进行过滤，除去固形物，并对所得滤液进行脱色。

2. 脱色

可应用活性炭、亚硫酸等脱色，以活性炭的效果为最佳。活性炭的用量可为原料的1%～2%，pH值5～5.5，液温80℃，脱色后趁热过滤。用亚硫酸脱色时，需加石灰水中和，然后过滤。

3. 浓缩

浓缩时注意火力的调节和不停地搅拌，以免糖液焦化。糖液越浓，火力愈要减弱。此外，在加热浓缩过程中，要不断将浮在液面的浮沫除去。浓缩到40波美度即可。

4. 固体饴糖

将液态饴糖浓缩到很高的浓度，趁热反复抽拉，使空气渗入，形成微细气泡，液态饴糖逐渐变成白色，并由半固体变为固体，即成白色的固体饴糖。

四、甘薯类发酵工业产品的生产

（一）乳酸钙和工业乳酸的生产

甘薯原料（淀粉）糖化后，在乳酸菌的作用下经乳酸发酵可生产乳酸。发酵液的含糖量以15%左右为宜，在50℃条件下进行发酵，并用石灰不断中和发酵所产生的酸，以维持菌种活力，积累大量乳酸。发酵结束后，全部酸均为石灰所中和，形成乳酸钙。经浓缩分离其结晶，再用硫酸分解而得乳酸。其生产工艺流程如图3－2所示。

残渣
↓
原料处理（洗涤与切分）→蒸煮→糖化→乳酸发酵→中和→煮沸
→粗制品→精制→乳酸钙
↓
酸化→过滤→乳酸
↓
乳酸钙

图3－2　乳酸钙和工业乳酸的生产工艺流程

1. 乳酸发酵

取鲜薯200千克，经洗涤、切分和蒸煮，使其完全糊化成糨糊状。装入酵缸中，降温到60℃，加进麸曲或麦芽16千克，充分搅拌，在60℃温度下保温8～10小时后降温到52℃，加菌种扩大培养液20升，保温49～51℃之间，不时搅拌。再经过8小时，检查酸度或镜检，如每毫升发酵液消耗0.1当量的氢氧化钠0.7毫升，则需加600克麻石粉（碳酸钙90%），以中和生成的酸。此后继续保温50℃，不时搅拌，每两个小时检查一次酸度，并用麻石粉中和。接种24小时后可补加麦芽和麸曲2千克，使淀粉彻底糖化。如此发酵5天，检查残余的淀粉、糊精、糖分等。如发酵已结束，用生石灰4千克，加水调成石灰乳，缓缓加入并不断搅拌。加热煮沸10分钟，稍经静置，趁热过滤，除去蛋白质和不溶物。

2. 乳酸钙的精制

将经上述操作后所制得的滤液浓缩到13波美度，移入结晶槽内冷却静置，即有乳酸钙结晶析出。除去母液，将粗结晶粉碎，加水洗去色素杂质，包饼压榨，再重复洗涤。然后加热水将其溶解，浓缩到13波美度，再进行结晶。反复洗涤压滤，加热水溶解浓缩到16～18波美度或20～21波美度时，可加1%石灰水煮沸10分钟，调节pH值至11左右，趁热过滤，除去蛋白质及不溶性物质。过滤后用乳酸调节pH值至6～7，以便其他有机酸易于挥发，而免使制品色泽变暗。将滤液移入结晶槽，冷却静置，即有结晶析出。分离结晶并削成薄片，在不超过68℃的温度条件下烘干。干燥后过筛，即得精制乳酸钙。如色泽不好，可重新结晶，并用硅藻土或活性炭脱色。

3. 工业乳酸的提取

将乳酸钙放入水浴锅内，加等量水加热至沸。另取30波美度的硫酸，慢慢加入继续煮沸，边加边搅拌，直至乳酸钙完全分解为止。此过程约需30分钟。其中硫酸的用量根据原有酸度计算，游离硫酸不超过0.2%。终点检查：用过滤液5毫升，加等量的45%的氯化钙，加热数分钟，仅有少量硫酸钙沉淀；或以紫色试纸（甲基紫）试之，试纸由紫色转为绿蓝色，即表示已完成作用，并有稍微过量的硫酸。

将乳酸溶液加入1%的活性炭，趁热过滤，浓缩到比重1.16以上，冷却、过滤、分离、干燥，即得工业乳酸。

五、甘薯食品的加工

（一）甘薯淀粉类食品——粉条的加工

粉条是由淀粉加工而成的一种食品。由于品种多、色泽白、质地柔韧、味道鲜美，深受人们的喜爱。粉条的种类很多，就形状分可分为宽粉条、粗粉条和细粉条，就加工方法分可分为风粉条和冻粉条。风粉条适合于常年加工，但只能生产宽粉条和粗粉条；冻粉条可以加工各种品种，但是若无机械制冷，只能在严冬加工生产。这里重点介绍冻粉条的加工技术。

1. 工艺流程

打芡→揉面→漏粉条→掏粉条→冷冻→淋粉条→晾晒。

2. 操作要点

(1) 打芡。称取一定数量的淀粉和明矾，置于大盆中，用开水调成稀乳状，即成芡。制芡的关键是用作制芡的淀粉和明矾的用量要适当，兑水适宜，且水温不低于98℃。三者的比例大致如下：每漏100千克干淀粉的粉条，需用0.3千克明矾，兑开水35升。

(2) 揉面。打芡后，稍晾一会即可将加工的淀粉倒入盆内，边倒边快速搅和，上下翻搅直到搅匀揉透，不粘手，全盆上下没有干粉或芡汤为止。

(3) 漏粉条。漏粉条常用八印（锅口直径75厘米）以上的大锅，待锅内水烧开后，即可把揉好的面盆放在锅台上，然后将揣好的面团装满漏粉瓢。漏粉人一般是右手不停地捶打瓢沿，由于粉瓢不停地均匀振动，使瓢内面团从瓢孔向锅内开水中徐徐漏下，煮熟后即成粉条。

(4) 掏粉条。粉条进入冷水池（锅）以后，使粉条迅速冷却，随着水温的上升要及时兑换冷水或冰块。所谓"掏粉"，就是抓住"粉头"，理顺后套在木棍上（俗称粉杖子，长约70厘米，直径2厘米），要求杖子上的粉条长短一致，均匀、整齐。

然后架在室内沥水。

（5）冷冻。俗称冻粉。将粉条全部漏完、冷却后沥水，再移架在事先挖好的防风洞或不透风的冷室内，排列架好，谨防透风，以防烧条（即粉条糠白、脆碎）影响品质。一般在 -15℃温度条件下冷冻两天两夜即可。

（6）淋浇、晾晒。当粉条被冻透后，要逐杖子地把粉条上的冰打掉，然后用温水（不冰手即可）将粉条上残留的冰雪搓洗掉。在室内沥水后挂在外边绳上晾晒（迎风地方最好），待八成干后，把杖子上的粉条捆在一起，再把杖子抽出。

（二）甘薯发酵食品——白酒

白酒的生产既可利用甘薯干为原料，也可利用加工淀粉后的薯渣。因为薯渣的淀粉含量仍很高，且淀粉的结构疏松，有利于蒸煮糊化，不仅出酒率高，而且可使薯渣得到充分利用。这里主要介绍利用薯渣生产白酒的技术。

1. 生产工艺流程

原料准备→蒸煮→发酵→蒸馏→白酒。

2. 操作要点

（1）原料准备。生产白酒一般要求薯渣新鲜、干净、无霉变。酿酒前，将选好的薯渣粉碎成粉备用。

（2）蒸煮。在粉碎的薯渣中加入 85 ～90℃的热水，搅拌均匀，以薯渣吸足水而不产生流浆为好，薯渣与水之比为 100：70为宜。然后蒸熟，蒸煮时间为 80 分钟。蒸熟后出甑加冷水，渣、水之比为 100：(26 ～28)，充分混合均匀。

（3）发酵。蒸熟后加入冷水的薯渣接着加曲种，渣、曲种之比为 100：(5 ～6)。加曲种后翻拌均匀即可入池发酵。入池前料温 18 ～19℃，发酵中间温度控制在 30 ～32℃，发酵周期为4 天，取料出池，料温不得低于 25 ～26℃。

（4）蒸馏。将发酵好的料装入甑桶，经过蒸馏即可得到白酒。在操作时要注意：装料要疏松，动作要快，上气要均匀，甑料不宜太厚且要平整，盖料要准确。为了充分利用原料，蒸馏后醅料可再加曲种进行发酵并蒸馏取酒，一般可进行 1 ～2 次。

（三）低糖薯脯

1. 生产工艺流程

原料选择与处理→糖制与抽空处理→烘干整形、包装→成品贮存。

2. 操作要点

（1）原料选择与处理。加工薯脯应选用淀粉含量高、水分少的甘薯品种，尤其是要选用薯身新鲜、光滑、饱满、无虫蛀、无烂皮的甘薯块，并以黄肉或红肉品种为最佳。

将选好的薯块用清水漂洗干净，再用不锈钢刀削去薯皮，并切成 5 毫米厚的薯片。为防止薯块变色，在削皮和切片过程中，必须将去皮的原料置于 1% ～1. 5% 的食盐溶液中护色。为了提高原料的耐煮性，要迅速将薯片置于等重的 0. 2% ～0. 3% 的氯化钙溶液中，并加入 0. 15% 的山梨酸钾，浸泡 10 小时左右后捞出，用自来水漂洗并沥干。

（2）糖制与抽空处理。先配制 45% ～50% 的糖液（糖液重为薯片的 55% ～60%），煮沸后投入薯片及其他配料（香料、柠檬酸等）；再煮沸，并维持 5 ～8 分钟，将薯片煮熟；待其温度降至 50℃左右，倒入抽滤器内，在 60 ～66. 7kPa 的真空度下，进行抽空处理 30 ～40 分钟；然后将薯片连同糖液一起倒入陶瓷或非铁制容器中糖渍 24 小时。

（3）烘干。先捞出薯片用温水漂洗表面的糖液并沥干，将沥去糖液的薯片均匀分摊在烤盘上，置于烘房内，在 50 ～60℃的温度下烘 5 小时左右，再升温到 65℃烘 8 ～10 小时；倒换烤盘，以便制品干燥均匀，再升温到 75℃烘至薯脯不粘手，柔软且具有韧性即可。

（4）整形、包装。先对薯脯进行整形，然后按其大小、色泽分级称重后包装即为成品。

第四章 果蔬加工

第一节 果蔬加工基础

果蔬加工是以新鲜果蔬为原料，依不同的理化特性，采用不同的方法，制成各种制品的过程。主要的制品有果干、脱水菜、果蔬脆片、果蔬罐头、果汁、菜汁、果酒、果酱、果脯蜜饯、腌制菜、速冻果蔬制品等。

在进行果蔬加工之前，首先要了解果蔬加工的基本知识，以便控制果蔬腐烂变质的过程，保持和提高果蔬的实用价值。

一、果蔬化学成分与加工

果蔬加工的目的除了防止腐败变质外，还要尽可能地保存制品的营养成分和风味品质，这实质上是控制果蔬化学成分的变化。因此，有必要了解果蔬的主要化学成分的基本性质及其加工特性。

1. 水分

水分是果蔬中含量最多的成分，达70%～95%。其影响果蔬的鲜度和味道，又是果蔬贮存性差、容易变质和腐烂的原因之一。

2. 糖

果蔬中主要的糖为葡萄糖、果糖和蔗糖，不同的果蔬种类含有不同的糖。葡萄糖对加工不利，容易发生非酶褐变，影响制品质量，且糖本身在高温下易发生焦糖化作用，故加工时宜选用还原糖低的品种。

3. 淀粉

淀粉不溶于冷水，当加温至55～60℃时，会发生糊化作用。未成熟的果实会有较多的淀粉，在后熟作用下，由于体内淀粉酶的作用，使其水解成糖。

4. 纤维素和半纤维素

纤维素和半纤维素性质较稳定，不易被酸、碱水解。它们构成果蔬的形状与体架，形成了果蔬的庞大体积，为果蔬各种内容物所充实，成为腌渍原料的主体。

5. 果胶物质

果胶在果汁及果酱类制品加工中可作为胶凝剂、增稠剂和稳定剂使用。果酱类产品的制造是利用果胶的胶凝作用制取的。在生产混浊果汁时，可利用果胶作为稳定剂防止果肉微粒沉淀，保持果汁混浊稳定。而在生产澄清果汁时，则需要除去果胶，使果汁澄清。

6. 有机酸

果蔬所含主要有机酸为柠檬酸、苹果酸、酒石酸。果蔬含酸的多少不仅直接影响其口味，而且也直接影响加工制品生产过程的控制条件。酸可以促进蛋白质的热变性，降低杀菌强度；酸会影响制品的色泽变化；酸可使维生素C受到保护；当有一定量的果胶和糖时，酸是形成凝胶的关键条件。

7. 单宁物质

属于多酚类化合物，带有收敛性涩味。果皮和未熟果涩味较浓，单宁物质在果蔬加工中对制品的色泽及涩味有重要影响。

单宁遇铁会变黑色，遇锡变玫瑰色，所以果蔬加工时不能用铁、锡等器具。单宁遇碱也会变黑色，所以用碱处理果蔬原料时要考虑到这一性质。单宁与蛋白质作用会生成不溶解的化合物，生产澄清果汁时常利用此性质来澄清果汁。

8. 酶

酶在特定条件下会使果蔬生理特性发生变化，也能使果蔬制品出现异味和变色。过氧化物酶可作果蔬热烫的指示酶，检验热烫是否适当。果胶酶对于混浊果汁的稳定性有密切关系，有利于混浊果汁保持稳定性，在澄清果汁加工中有时要利用果胶酶的作用以利于进行榨汁，提高出汁率和使果汁澄清。

9. 含氮物质

果蔬中的含氮物质主要是蛋白质和氨基酸，它们在加工中所造成的影响主要是美拉德反应的变色现象。防止美拉德反应的褐变作用，最有效的方法是用亚硫酸盐，这可与控制酶促褐变结合进行。

10. 维生素

果蔬含有维生素 C、维生素 A、维生素 B1、维生素 B2、维生素 E 等，其中维生素 C 含量较高且与果蔬加工关系密切。维生素 C 在加工过程中很容易被破坏，其氧化产物参与美拉德反应途径而导致褐变。

11. 色素物质

果蔬主要的色素物质有类胡萝卜素、叶绿素和花青素。果蔬中的色素物质一般对光、热、酸、碱等条件敏感，在加工、贮存过程中常因此而褪色或变色。

12. 糖苷

果蔬中存在着许多糖苷物质，苦杏仁苷和茄碱苷的水解产物有毒，食用或加工时要除去。黑芥子苷具有特殊的苦辣味，在酶作用下可水解成特殊的芳香物质，使蔬菜腌制品产生特殊香气。橙皮苷是引起糖水橘片罐头白色混浊、沉淀的主要原因。

13. 芳香物质

果蔬中的芳香物质大多为挥发性油，也称精油。大部分果蔬的芳香物质为易氧化物质和热敏物质。芳香物质在制品中的含量以其风味表现的合适值为宜，过高或过低均有损于风味。某些芳香物质，如大蒜精油、橘皮油等具有一定的抑菌和抗氧化作用。

14. 脂质

果蔬的脂质主要包括油脂和蜡质及角质。油脂主要存在于含油的果实和一般果蔬的种子中，在普通果实中含量很少。果蔬另一大类脂质为其表面的角质与蜡质，是一种保护组织，有利于果蔬贮藏保鲜，但在加工中一般应除去。

15. 矿物质

果蔬含丰富的矿物质，是人体矿物质营养的主要来源，主要有钙、镁、磷、铁、钾、钠、碘、铜、锰等。矿物质的性质及含量在果蔬加工中常较稳定。

二、果蔬加工原理

（一）食品败坏的原因及控制

食品败坏包括变质、变味、变色、软化、膨胀和腐烂等。败坏后的产品外观不良，风味减损，成为废物，甚至成为有害物质，误食后可危及生命。

造成食品败坏的原因往往是生物的（包括微生物和酶）、物理的、化学的等多种因素综合作用的结果，起主导作用的往往是有害微生物的危害。

控制微生物（主要是细菌、酵母和霉菌）最主要的手段是物理处理或化学处理，如热处理、冷冻、干燥或酸、糖、盐、空气和化学品等。

1. 热处理

大多数细菌在82～93℃即被杀死。但细菌芽孢耐高温，必须采用100℃以上的湿热温度才能将其杀灭。

2. 冷冻

低温菌在低于10℃时生长就缓慢，温度愈低，其生长愈慢。

当食品的水分全部冻结时，微生物就停止生长，这是冷藏和冷冻的根据。

3. 干燥

如果把水分从食品中除去，微生物生长就会受抑制。如将食品脱水，或添加糖、盐一类溶质，水分子在溶质的束缚下，能为微生物所利用的有效水分也随之下降。

4. 糖和盐

当把微生物放在浓糖液或盐液中时，细胞中的水分就进入糖液或盐液中，产生质壁分离，可干扰微生物生长。

5. 酸

微生物的生长发育受酸度的影响较大。有些微生物对酸比较敏感，一种微生物在发酵过程中所生成的酸往往会抑制另一种微生物的繁殖。这是利用控制发酵手段以抑制腐败菌的生长来保藏食品的原理之一。

6. 空气

氧气除对维生素、食品色泽、风味和其他食品成分有破坏作用以外，还是霉菌生长所必须的条件，要控制需氧腐败菌，必须把空气除去。

7. 化学品

许多化学品可杀死微生物或使之停止生长，但其中大多数是不允许用于食品的。

（二）果蔬加工保藏方法

食品的保藏与腐败因素密切相关，在进行食品保藏时，必须根据引起食品的败坏因素来确定保藏方法。根据加工原理，食品保藏方法可归纳为三类：

1. 抑制微生物活动的保藏方法

利用某些物理、化学手段可抑制食品中微生物和酶的活动。属于这类的保藏方法有干制、糖制、腌制、冷冻保藏等。

(1) 干制是通过自然或人工控制条件下减少食品中所含的大部分水分，使食品水分活性降低到微生物不能利用的程度，食品本身酶的活性也同时受到抑制。

(2) 腌制、糖制是利用其具有较高的渗透压，脱除了自由水分，降低了水分活性，从而抑制微生物的生长和酶的活性。

(3) 冷冻保藏是指在能使食品保持冻结状态的湿度下(-18℃)贮藏。速冻是目前比较先进的加工技术；能保持新鲜食品原有的风味和营养价值，深受消费者的欢迎。

2. 生化保藏法

生化保藏法又称发酵保藏，利用某些有益微生物的发酵活动，产生和积累代谢产物，以抑制其他有害微生物活动。

3. 无菌保藏法

通过热处理、微波、辐射、过滤等工艺手段，将食品中腐败菌数量减少到能使食品长期保存所允许的最低限度。罐藏是重要的食品保藏方法。

总之，食品的各种加工保藏方法都是创造一种不能使有害微生物生长繁殖的环境条件，各种保藏方法可以同时采用2～3种方法进行贮藏，如干制加冷藏。

第二节　果蔬汁加工

果蔬汁是指新鲜果蔬经破碎、压榨、过滤等工序而制得的一种汁液。果蔬汁不仅营养丰富，而且有医疗保健作用，是一种良好的保健食品。

一、果蔬汁的分类

根据GB 10789—89软饮料的分类标准，果汁饮料分为十类：①原果汁；②浓缩果汁；③原果浆；④浓缩果浆；⑤果肉果汁饮料；⑥高糖果汁饮料；⑦果粒果汁饮料；⑧水果汁；⑨果汁饮料；⑩果汁水。

蔬菜汁为一种或多种新鲜蔬菜汁或混合，或发酵，加入食盐或糖等配料，经脱气、均质及杀菌等工艺所得的蔬菜汁制品，一般可分为：①蔬菜汁；②混合蔬菜汁；③发酵蔬菜汁。

二、几种果蔬汁加工工艺

（一）柑橘汁

1. 工艺流程

（1）原果汁的生产工艺流程：柑橘原料→洗净→选果→全果榨汁→果汁→过滤→杀菌→原果汁。

（2）冷冻浓缩果汁的生产工艺流程：原果汁→浓缩→冷却→装填→冷冻浓缩果汁。

2. 操作要点

（1）原料的选择。选用在制造过程中不会使柑橘原汁产生苦味的品种，除去受伤的和不适合加工的果实。

（2）清洗。原料果实先经短时间浸泡，再用清洗水喷淋。

（3）除油。清洗后的果实接着进入针刺式除油机，果皮在机内被刺破，果皮中的油从油胞中逸出，随喷淋水流走，再用碟式离心分离机就可以从甜橙油和水的乳浊液中把甜橙油分离出来，分离残液经循环管道再进入除油机中作喷淋水用。

（4）榨汁。常规的仁果类、核果类和浆果类水果用的榨汁机，不能用于除油果实榨汁。目前柑橘榨汁采用的机械有 In - Line 榨汁机、布朗型榨汁机、安德逊榨汁机，榨汁果要尽量防止果皮油、白皮层和囊衣混入果汁，这些物质进入果汁不仅增加苦味，而且产生加热臭，同时应避免种子破裂。

（5）除果肉。从柑橘榨汁机中流出的甜橙原汁中含有果肉，要用打浆机或其他类似设备滤去较大的果肉颗粒。

(6) 脱气。柑橘原汁非常容易氧化，从而导致饮料颜色、滋味的变化和维生素 C 含量的损失，脱气对保持柑橘原汁质量有重要意义。脱气可采用离心喷雾式、加压喷雾式、薄膜流下式等设备。

(7) 杀菌。如果仅仅为了保证柑橘原汁的微生物稳定性，选择 71 ～72℃杀菌温度和相应的停留时间就足够了，但是为了钝化果胶甲酯酶和保证柑橘原汁的胶态稳定性，要选择 86 ～99℃的杀菌温度和相应的停留时间。

(8) 浓缩。柑橘浓缩汁主要采取冷冻浓缩法浓缩。浓缩至可溶性固形物至65%即可。

(9) 包装和贮存。柑橘浓缩汁在 -5 ～ -8℃冷冻浓缩后，装入内涂聚乙烯的桶内，密封后立即放入 -25 ～ -30℃的冷藏库内。

(二) 菠萝汁

1. 工艺流程

菠萝汁的生产工艺流程为：原料选择→清洗→切端、去皮→榨汁→过滤→脱气→杀菌→冷却→浓缩→装瓶。

2. 操作要点

(1) 原料选择。选用成熟度八成以上的二坐果和一坐小果，或生产罐头和果脯的下脚料，充分利用不能进行其他加工用的果。剔除腐烂果和病虫果。

(2) 清洗并切端、去皮。洗净果皮表面的污物，切端，除去果皮。

(3) 榨汁。去皮后的菠萝送入螺旋榨汁机中榨汁，第一次榨汁后的果渣，可以再加点水重压一次，以提高出汁率。

(4) 过滤。先用孔径为 0.5 毫米的刮板过滤机粗滤，以除去粗纤维和其他杂质。再用筛网为 120 目的卧式离心过滤机精滤，以除去全部悬浮物和容易产生沉淀的胶粒。

（5）脱气。在真空度为 64 ～87 kPa 的条件下脱气，然后在出口处用螺杆泵吸出已脱气的果汁。

（6）杀菌。果汁采用瞬间杀菌法。温度为（93 ±2)℃，保持 15 ～30 秒。

（7）冷却。杀菌后的果汁在换热器内进行冷却，已杀菌果汁与原果汁之间进行热交换，将已杀菌果汁冷却到 50℃左右，同时使原果汁预热。

（8）浓缩。将苯甲酸钠按 0.5g/kg 的比例加入果汁中，送入真空浓缩器中浓缩，将真空度控制在 85kPa 左右，温度为 48 ～55℃，加热蒸汽压力为 50 ～150kPa。当浓缩至总糖量达到 57.5%～60%（以转化糖计）时，即可出锅。

（9）装瓶。装瓶前对瓶子等容器进行清洁、消毒。当果汁冷却到瓶子能承受的温度时，就在无菌室内装瓶、密封，除去瓶外水分，贴标、入库。

（三）草莓汁

1. 工艺流程

草莓汁的生产工艺流程为：原料→选择→清洗→破碎→酶处理→榨汁→粗滤→脱气→预热→酶处理→澄清→过滤→调配→杀菌→装罐→密封→冷却。

2. 操作要点

（1）原料选择。选用新鲜良好、成熟度稍高、出汁率高的草莓为原料。剔除病虫害果及腐烂果，去除花托、果柄及其他杂物。

（2）清洗。清水冲洗 3 ～5 分钟，注意冲洗水流缓急适度，避免果皮受损。

（3）酶处理。首先将草莓破碎，然后加入果胶酶以提高出汁率。酶处理温度为 40 ～42℃，时间为 1 ～2 小时。果胶酶加入量为果浆重的 0.05%。

（4）榨汁。在果浆中加入占浆液3%～10%的助滤剂。常用助滤剂为棉子壳。榨汁后经粗滤去除悬浮物质。

（5）脱气。用真空脱气机脱气。

（6）酶处理。添加一定量果胶酶制剂，搅拌均匀后，作用2～4小时。待自然澄清后将上清液过滤，以获得澄清的草莓汁。

（7）调配。用糖液与柠檬酸液调整果汁，使糖分含量达11%～12%，总酸量为0.79%，添加0.1%的苯甲酸钠。

（8）杀菌。采用高温短时杀菌较好，温度为121℃、杀菌10秒。或者用巴氏杀菌法，温度为76～82℃、时间为20～30分钟。

（9）装罐密封。可用玻璃瓶包装，也可用抗酸涂料罐包装，还可用塑料桶装。包装后迅速密封并快速冷却到40℃以下。

（四）番茄汁

1. 工艺流程

原料选择→预处理→榨汁→调配→脱气、均质→装罐→加热、罐装→密封→杀菌→冷却→成品。

2. 操作要点

（1）原料选择。选用成熟、无损伤、新鲜的番茄，剔除病虫害及腐烂变质果。

（2）预处理。将番茄洗净，用去子机将番茄破碎脱子后，立即用加热器将番茄迅速加热至85℃。

（3）用打浆机或榨汁机榨汁，浆汁中要求无碎子、皮、黑点及杂质等，控制出汁率80%左右。

（4）调配。番茄原汁进入调配缸，添加0.5%～1%的食盐。

（5）脱气、均质。脱气真空度要求0.05MPa，时间为3～5分钟。均质温度要求70℃以上，压力要求18 MPa以上。

（6）装罐和封罐。将汁液加热到85℃以上罐装，封口时中心温度不低于80℃。

（7）杀菌、冷却。杀菌公式为3′—18′—3′—/100℃，杀菌后冷却至40℃以下。

第三节　果酒加工

果酒是以水果为原料经破碎、压榨取汁、发酵或者浸泡等工艺精心调配而成的各种低度酿制而成的低度饮料酒。果酒营养丰富，含有多种有机酸、芳香酯、维生素、氨基酸和矿物质等营养成分，深受消费者的喜爱。采用不同水果酿制果酒不仅在色、香、味上别具风韵，而且可节约酿酒用粮。

一、果酒的种类

（一）发酵果酒

发酵果酒是将果实经过一定处理，取其汁液，经酒精发酵和陈酿而制成。发酵果酒的酒精含量比较低，多数在10%～13%（体积分数），酒精含量在10%以上时能较好地防止微生物（杂菌）对果酒的危害，保证果酒的质量。

（二）蒸馏果酒

蒸馏果酒也称果实白酒，是将水果进行酒精发酵后再经过蒸馏而得到的酒，又名白兰地。饮用型蒸馏果酒，其酒精含量多在40%～55%。直接蒸馏得到的果酒一般需进行酒精、糖分、香味和色泽等的调整，并经陈酿使之具有特殊风格的醇香。

（三）配制果酒

配制果酒也称果露酒。它是以配制的方法仿拟发酵果酒而制成的，通常是将果实或果皮和鲜花等用酒精或白酒浸泡提取，或用果汁加酒精，再加入糖、香精及色素等调配而成。配制果酒有桂花酒、柑橘酒、樱桃酒、刺梨酒等。

二、果酒的加工工艺

（一）荔枝酒

1. 工艺流程

原料选择→剥壳、去核→破碎→压榨→发酵→陈酿→调配→澄清→包装→杀菌→成品。

2. 技术要点

（1）原料选择。以乌叶荔枝果为佳，选择成熟度高的新鲜优质、无病虫害、无霉烂变质的荔枝果洗净沥干。

（2）压榨。剥去果壳，除去果核后，兑入果肉加树脂处理的水，然后进行压榨。

（3）调整成分。果汁中加入白砂糖（每100千克果肉加80千克白砂糖），同时加入脱臭酒精（按4°酒调入），采用柠檬酸调节酸度后，加二氧化硫静止，数小时之后加入成品米酒或优质白酒，再接入人工培养酵母5%～10%，进行前发酵。

（4）陈酿。分离后，进入后发酵陈酿1～2个月。

（5）过滤、装瓶。杀菌温度为65～72℃，时间为15分钟，之后自然冷却，包装、贴商标，成品入库。

（二）杨梅酒

1. 工艺流程

原料选择→清洗绞汁→加热→发酵→调配→贮藏→装瓶→杀菌。

2. 技术要点

（1）原料选择。选汁多核小、新鲜成熟的杨梅为原料。

（2）清洗。果实用流动清水漂洗14～15分钟，除去果梗、枝叶等杂质。

（3）绞汁。将杨梅放在桶内或缸内捣烂，然后用干净纱布绞汁。

（4）加热。将果汁倒入铝锅内加热至 70 ～75℃，经 15 分钟即可使蛋白质及其他杂质凝固析出。

（5）发酵。果汁冷却后，用虹吸管吸取上部澄清液，转入发酵缸内。每 100 千克果汁加酒曲 2 ～3 千克，拌匀后盖好缸盖，保持室温在 25 ～28℃，3 ～4 天后，酒度可达 5°～6°。

（6）调配。将发酵好的酒用虹吸管吸入另一只缸或桶中，用白酒调整酒度，使其达到 20°，再加入 10% ～12% 的蔗糖，搅匀后盖好。

（7）贮藏。在 10 ～15℃温度下贮藏两个月，换桶一次。

（8）装瓶。把酒用纱布过滤后，装入瓶中。

（9）杀菌。将酒瓶放在 70℃以上的热水中消毒 10 分钟后，即为成品。

（三）青梅酒

1. 工艺流程

原料选择→清洗→刺孔→浸制→包装。

2. 技术要点

（1）原料选择。选用七成熟、色绿的梅果做原料，拣出成熟度较高的果实，剔除烂果，修整变色和病斑果。

（2）清洗。用流水将梅果冲洗干净并沥干。

（3）刺孔。每只梅果上刺孔 10 多个，孔深达到种核。

（4）浸制。按梅果 5 千克、白酒 10 千克、白砂糖 5 千克的配比进行浸制 1 ～2 个月，浸制时间越长，风味越佳。浸制后即为梅酒，其副产品即为醉梅。

（5）包装。将浸制的青梅酒过滤装瓶。滤出的梅果按大小分级，即为醉梅。其果肉松脆，富酒香，味略酸。成品可用旋口瓶装或食品袋包装。

第四节 果脯加工

果脯是以鲜果或蔬菜以及食糖等为原料，经过加工精制而成的具有特定色、香、味、形的食品，其种类非常多。果脯是我国特有的传统食品，有着几千年悠久的历史，发展至今已形成专门的食品加工工艺。

一、杨桃脯

（一）工艺流程

杨桃脯的生产工艺流程为：原料选择→清洗→切分→护色、硬化处理→漂洗→糖渍→烘干→包装。

（二）操作要点

1. 原料处理

选择成熟度八成左右的杨桃。清洗后纵向依单瓣分切成长瓣状厚片或横切成1.5厘米的厚片形，随即投入含有3%的明矾溶液中，加入微量姜黄粉调成适当的黄色浸液，使杨桃片带鲜明的淡黄色。浸泡4～6小时后移出并沥干水分，准备香料糖渍。

2. 香料糖渍

每100千克杨桃片配丁香、陈皮、甘草三种同量研成的混合粉末3.2千克，蔗糖80千克。

先把砂糖加水调成50%浓度的糖液，加入香料混合粉末1.6千克，与杨桃片一同加入糖煮锅中加热慢慢煮沸。煮到沸点106℃时停止加热，趁热移出，沥去表面过多糖液。散于平台上冷却。拌入余下的1.6千克香料粉，可加入杨桃片重0.05%的苯甲酸钠，拌和均匀，使每片均粘上粉末。然后摊于烘盘上，送入烘干机干燥。

3. 干燥

以65℃烘到杨桃片表面干燥后放凉，准备包装。待包装成品含水量不超过22%。

4. 包装

以PE袋作50～200克定量密封包装。

二、芒果脯

（一）工艺流程

芒果脯的生产工艺流程为：原料选择→去皮切片→护色、硬化处理→漂洗→热烫→糖渍→干燥→成品→包装。

（二）操作要点

1. 原料选择

要求成熟度不可过高，硬熟即可。过熟的芒果不宜制芒果脯，只适合制芒果酱和芒果汁。

2. 去皮切片

清洗，去皮后用锋利刀片沿核纵向斜切，果片大小厚薄要一致，厚度为0.8厘米。

3. 护色、硬化处理

配0.2%焦亚硫酸钠和0.2%氯化钙混合溶液，使芒果块浸渍在溶液中，时间约需4～6小时。然后移出用清水漂洗，沥干水分准备预煮。

4. 预煮

预煮时把水煮沸，投入原料，时间一般为2～3分钟，以原料达半透明并开始下沉为度。热烫后马上用冷水冷却，防止热烫过度。

5. 糖渍

如果原料先经预煮，可将预煮后的原料起热投入30%冷糖液冷却和糖渍。如果原料不经预煮处理，则用30%糖液先糖煮，煮沸1～3分钟，以煮到果肉转软为度。糖渍8～24小时后，移出糖液，补加糖液重10%～15%的蔗糖，加热煮沸后倒入原料继续糖渍。8～24小时后再移出糖液，再补加糖液重10%的蔗糖，加热煮沸后回加原料中，利用温差加速渗糖。

6. 装筛干燥

芒果块糖渍达到所要求的含糖量后，捞起沥去糖液，可用热水淋洗，以洗去表面糖液、减低黏性和利于干燥。干燥时温度控制在60～65℃，期间还要进行换筛、翻转、回湿等控制。

7. 整理包装

芒果脯成品含水量一般为18%～20%。达到干燥要求后，进行回软、包装。

三、番石榴脯

（一）工艺流程

番石榴脯的生产工艺流程为：原料选择→清洗→去囊、切片→护色、硬化处理→漂洗→热烫→糖渍→干燥→包装。

（二）操作要点

①选八九成熟的果实，清洗干净；②先用刀纵切剖开，用勺挖去果囊，再纵切成宽为0.8厘米的条形，随即投入0.2%焦亚硫酸钠和0.2%氯化钙混合溶液护色硬化处理4～6小时；③然后捞起漂洗沥水。果囊含坚硬的种子，不宜做蜜饯，可打浆用于制果冻或果汁。

糖渍、干燥、包装等处理同芒果脯。

（三）产品质量标准

浅黄色，块型完整，具有番石榴风味。

四、荔枝脯

（一）工艺流程

荔枝脯的生产工艺流程为：原料选择→去核、剥皮→修整→护色、硬化处理→漂洗→热烫→糖渍→干燥→包装。

（二）操作要点

①选新鲜、成熟度八九成的荔枝，剔除病虫害、腐烂果；②用荔枝专用去核器，对准蒂柄打孔，去蒂柄深度以筒口接触到果核为准，夹出核后，剥去外壳，慎防果肉损伤；③果肉用0.2%焦亚硫酸钠、0.1%柠檬酸和0.2%氯化钙混合溶液护色硬化处理2小时；④捞起漂洗沥水，在沸水中烫漂2分钟左右。按芒果脯加工工艺糖渍、干燥、包装。

（三）产品质量标准

呈金黄色，伞形，口感柔韧，具有荔枝风味。

五、猕猴桃脯

（一）工艺流程

猕猴桃脯的生产工艺流程为：原料选择→清洗→去皮→切片→护色、硬化处理→漂洗→糖制→烘干→包装。

（二）操作要点

1. 原料选择处理

选用成熟度八成左右的中华猕猴桃果实。剔除过青或过熟果及病、虫、霉变发酵果。洗去表面污物，拣出夹杂物，然后进行去皮。

2. 切片

将果实两头花萼、果梗芯切除，然后纵切或横切成0.6～1厘米的果片，切片要求厚薄基本一致。

3. 护色、硬化处理

将果片放入浓度0.3%亚硫酸盐和0.2%氯化钙混合溶液浸

泡1～2小时。

4. 糖制

将果片取出漂洗，沥去水分，放入30%糖液中煮沸4～5分钟。放冷并糖渍8～24小时后，移出糖液，补加糖液重15%的蔗糖，加热煮沸后倒入原料继续糖渍。8～24小时后再移出糖液，再补加糖液重10%的蔗糖，加热煮沸后回加原料中，利用温差加速渗糖。如此经几次渗糖，达到所需含糖量为止。

5. 烘干

将果片取出沥干糖液，铺放在竹盘上在50～60℃下干燥，干燥后期以手工整形，将果心捏扁平，继续干燥至不粘手即成，干燥中注意翻盘和翻动果片使受热均匀。

6. 包装

按果片色泽、大小、厚薄分级，将破碎，色泽不良，有斑疤黑点的拣去。用PE袋或PA/PE复合袋作50克、100克等零售包装。

第五节　罐头加工

果蔬罐头是指将水果或蔬菜经过原料选择、清洗、去皮（核、子）、切分、护色、烫漂（或抽空）、装罐、加汁、排气、密封、杀菌、冷却而制成的罐装食品。它不仅极好地保留了水果和蔬菜的色、香、味、形；同时，经过调味汁液的调整和各种果蔬原料的合理搭配，使产品更别具风味，营养十富，成为老少皆宜的方便食品。

一、橘子罐头

（一）工艺流程

橘子罐头的生产工艺流程为：原料→选果分级→去皮、分瓣→去囊衣→整理→分选装罐→配糖水→排气、密封→杀菌、冷却→检验→成品。

（二）操作要点

1. 原料要求

果实扁圆，果肉橙红色，囊瓣大小均一，呈肾脏形，无种子或少核，囊衣薄；果肉组织紧密、细嫩、香味浓、风味好，糖含量高，可溶性固形物在10%左右，含酸量为0.8%～1%，糖酸比适度（12∶1），不苦，易去皮；八九成熟时采收。

2. 选果分级

首先除去畸形、干瘪、霉烂、重伤、裂口的果子，再按大、中、小分为三级。

3. 去皮、分瓣

橘果浸烫后趁热剥皮，一般采用手工剥皮，橘皮可做橘皮酱。去皮后的橘果用人工去络，然后分瓣，并按橘瓣规格分级。

4. 去囊衣

将橘瓣投入浓度为0.09%～0.12%的盐酸液中浸泡，温度约20℃，浸泡20分钟。取出清水漂洗后接着再投入碱液中浸泡。处理后的橘瓣立即放入流动清水中漂洗60分钟，除去碱液、瓤囊壁的分解物及皮膜污物等。

5. 整理

用镊子逐瓣去除囊瓣中心部残留的囊衣、橘络和橘核等。

6. 分选装罐

橘瓣按瓣形完整程度、色泽、大小等分级别装罐，力求使同一罐内的橘瓣大致相同。

7. 配糖水

橘瓣分选装罐后加入所配糖水。糖水浓度为质量百分比，糖水的浓度及用量应根据原料的糖分含量及成品的一般要求（14%～18%的糖度标准）来确定，一般浓度为40%。

8. 排气、密封

排气中心温度为65～70℃。

9. 杀菌、冷却

在沸水中煮15分钟左右取出，用温水分段冷却至38℃左右。

10. 检验

杀菌后的罐头应迅速冷却到38～40℃，然后送入25～28℃的保温库中保温检验5～7天。

二、菠萝罐头

（一）工艺流程

菠萝罐头的生产工艺流程为：原料选择→洗果→分级、切端、去皮、捅心→修整→切片→二次去皮与分选→装罐→排气、密封→杀菌、冷却→成品。

（二）操作要点

1. 原料选择

选用新鲜、良好，果形大，圆柱形，芽眼浅，果肉淡黄色、多汁、果蕊小、纤维少的菠萝品种，要求成熟适度，风味正常，无病虫害、无烂变及机械伤等。

2. 洗果

将果实浸入清水中，洗净果实外表附着的泥沙、杂质。

3. 分级

按果实横径分成四级。

4. 切端、去皮、捅心

用菠萝联合加工机削去外皮（皮经刮肉机刮肉），切去两端，捅除果心。

5. 修整

去皮捅心后的果肉，用利刀削去伤疤及腐烂部分，再淋洗

1 次。

6. 切片

用单刀切片机将果肉切成环形圆片，片的厚度，按罐号分别为 11.5 ～13 毫米。

7. 分选及二次去皮

将片形完整及不带果眼、斑点等缺陷的片选出装罐，凡带有青皮、果眼及片边缘带有斑点、机械伤的片应选出，经二次去皮机二次去皮。

8. 装罐

空罐经拣除锈罐、变形罐，再用 90℃以上热水清洗消毒，沥干水分。装罐时控制糖水浓度在 14% ～18% 之间，装罐时的糖水温度为 90℃以上。

9. 排气及密封

排气中心温度不低于 80℃；密封时抽气真空度为 0.03MPa。

10. 杀菌、冷却

排气密封后的罐头应立即进行灭菌，灭菌完毕，进行反压降温，立即冷却至 38℃。

三、蘑菇罐头

（一）工艺流程

蘑菇罐头的生产工艺流程为：蘑菇→修整洗净→杀青（钝化酶）→冷却→漂水→装罐→注入液→密封→杀菌→冷却→成品。

（二）操作要点

1. 漂洗

将鲜菇倒入 0.03% 的焦亚硫酸钠溶液中，轻轻地上下翻动，洗去泥沙、杂质以及菇表层的蜡状物、脂质等。漂洗 2 分钟后，捞出放入流水中洗净。

2. 预煮

先把配制好的0.1%柠檬酸溶液在预煮机中煮沸，然后放入漂洗好的蘑菇，水与菇之比约3：2。继续煮沸直至煮透为止，共8～10分钟，然后快速冷却。

3. 分级和切片

按加工罐头的规格要求进行分级。

4. 装罐

严格进行检查空罐，在90～95℃热水中洗净，倒置于洁净的架子上沥干备用。

5. 加汤汁

汤汁配方是精盐2.3%～2.5%，柠檬酸0.05%。

6. 预封、排气和密封

预封后及时排气密封。

7. 灭菌和冷却

排气密封后的罐头应立即进行灭菌，灭菌完毕，进行反压冷却。

四、芦笋罐头

（一）工艺流程

芦笋罐头的生产工艺流程为：选料→清洗→剥皮、切段→预煮→冷却→分级→配汤→装罐→封罐→杀菌→冷却→擦罐→入库。

（二）操作要点

1. 选料

选用茎长10～16厘米，粗细以茎部平均横径1.0～3.8厘米为宜，要求新鲜、良好，不带病虫害、锈斑和损伤，无空心、开裂、畸形的芦笋为原料。

2. 清洗

多采用喷淋冲洗或流水冲洗。

3. 剥皮、切段

由尖顶部向根部方向剥去粗老表皮、粗纤维及棱角，削去裂痕及虫蛀部分，再去除尖顶部的鳞生。整装芦笋应切成 9.5 ～ 10.5 厘米长带笋尖的笋条，9 厘米以下的则切成 4 ～ 6 厘米的段，以便分别装罐。

4. 预煮

整装芦笋一般采用预煮法，先将芦笋竖放在漂烫笼中，在 90 ～95℃的热水中，笋身先预煮 2 ～ 3 分钟，再将全笋浸入预煮 1 分钟，共预煮 3 ～ 4 分钟。预煮后立即用冷水快速冷却至 36℃以下。

5. 装罐

空罐清洗干净，消毒。整装芦笋要求笋尖向上，整齐地装入罐内，然后加注汤汁（汁温保持在 85℃以上），预隙 6 ～ 8 毫米。

汤汁配制：配方为预煮水 100 千克、2% 食盐、2% 食糖、0.05% 柠檬酸。将配制液放在夹层锅内加热煮沸，过滤备用。

6. 封罐

将装好的罐放在真空封罐机上封罐。

7. 杀菌、冷却

封好的罐应进行杀菌处理，然后分段冷却至常温。

8. 保温、检验

罐头送入（37 ±2）℃的保温库中保温 5 ～7 天，而后进行检验，合格品装箱入库即成。

第五章　茶叶加工业

茶属双子叶植物，约30属500种，分布于热带和亚热带地区。我国有14属397种，主产长江以南各地，其中茶属Camellia和何树属Schima等均极富经济价值。

茶叶深加工具有深远意义：一是可以充分利用茶叶资源。很多的低档茶和茶下脚料、茶废弃物没有直接的市场出路，而其中又有大量可以利用的资源，对它们进行深加工就可以充分利用这些资源来为人类造福，企业也可从中获得经济利益。二是可以丰富市场产品。茶叶当然是很好的东西，但是人们已经不满足茶叶仅仅是“干燥了的树叶”的产品形态，人们需要丰富化的茶制品。三是开辟新的功能。茶叶的许多功能或功效不能够在传统的冲泡方法中得以利用，将茶进行深加工，可以有方向、有目的地利用这些功能。同时，在深加工中也可与其他的物质相配合，以发挥更大的作用。

第一节　茶　　叶

按照加工阶段不同，茶叶加工可分为初制加工、精制加工和再加工，所获得的茶叶成品分别称之为初制茶（毛茶）、精制茶（商品茶）和再加工茶。茶树收获所采下的是鲜叶，如不及时加工，就会因变质而失去应用价值。鲜叶也只有通过加工，才能使叶内的水分逐步蒸发而形成干茶，才可贮藏和保存。品质良好的鲜叶，通过先进的科学技术加工而使香气成分逐步优化，成为具有良好色、香、味、形的成品茶，既满足了市场消费需求，也为茶业加工企业带来良好的经济效益。随着现代科学的不断发展，近年来茶叶的加工技术日趋先进，特别是机电一体化、计算机与自动控制、酶膜工程和现代保鲜等高新技术在茶叶加工中的普遍应用，使各种新型茶产品不断涌现，各类茶叶深加工产品的开发和生产势头也日益迅猛，为茶叶加工升值创造了更为良好的条件。

一、绿茶加工

绿茶是世界上出现最早的茶类，名目繁多。但所有绿茶的初制加工工艺过程都包括杀青、揉捻、干燥三个主要工序。这些工序的不同配搭，便形成了不同的绿茶产品类型。

（一）绿茶初制加工主要工序

绿茶加工工艺有鲜叶摊放、杀青、揉捻、解块、做形、干燥和精制或筛分整理等基本工序。

1. 杀青

杀青，是绿茶加工的第一道工序，也是绿茶品质形成的关键工序。

（1）杀青目的。一是利用高温钝化鲜叶中酶的活性，从而制止鲜叶中茶多酚的酶促氧化，使加工叶保持色泽绿翠；二是利用叶温的升高，促进鲜叶中内含成分的转化，使青臭气散发出去，产生香气；三是蒸发部分水分，使叶质柔软，韧性增强，便于下一工序的揉捻成条和做形。

（2）杀青原理及技术。即利用高温破坏酶的活性。实验表明，当温度处于20℃时，鲜叶中酶的活性开始增强；当温度上升到45～55℃时，酶活性最强，酶促反应激烈；当温度超过65℃时，酶活性开始明显下降；温度达到80℃时，酶活性被彻底破坏。故杀青过程就是采取高温，使鲜叶叶温在1～2分钟内迅速上升到80℃以上，并至少保持1分钟，阻止茶多酚的酶促反应，使加工叶保持翠绿色泽。

杀青过程中要蒸发鲜叶中所含水分的40%以上，热源供应的热量大部分用于水分蒸发。实验表明，杀青过程消耗于水分蒸发的热量约等于叶温提高消耗热量的4倍。“高温杀青，先高后低”：杀青初期加工叶水分蒸发比后期多，为了迅速升高叶温，有效制止酶的活性，所以杀青初期的温度要高；而后期加工叶水分含量减少，杀青温度则适当降低。同理，含水率高的嫩叶杀青温度要高，含水率低的老叶杀青温度要低，即“嫩叶老杀，老叶嫩杀”。

(3) 杀青过程中的化学成分变化。绿茶加工的杀青过程中，鲜叶中一些具有青臭气、低沸点的青叶醇和青叶醛大量蒸发，高沸点的芳香物质则逐渐显露，从而使杀青叶具有熟香气，叶色也由鲜绿色变为暗绿或黄绿色。同时，杀青过程使茶多酚总量减少，并且酯型儿茶素含量减少，简单儿茶素含量增加，有利于减轻茶汤的苦涩味。

2. 杀青方法

目前，绿茶杀青的常用方法有炒青、蒸青和捞青三种，以炒青方法最为常用。蒸汽杀青方法在我国唐代以前曾普遍使用，后来逐渐被炒青方式所代替。这种杀青方式在唐代由我国传入日本，而在日本的绿茶加工中一直应用至今。近几年，为了生产出口日本的绿茶和试图改善我国绿茶色泽，我国部分茶区又在重新开始试验应用蒸汽杀青。捞青方法只在低咖啡因绿茶加工和一些保健茶加工中应用。我国绿茶的杀青作业，除了少数名优茶尚保留手工杀青外，大多数已采用机械杀青。

(1) 手工杀青。手工杀青用平锅或斜锅做杀青锅，热源有柴火或电等。

平锅杀青。平锅就是将炒茶锅水平安置在茶灶上。锅温应根据投叶量多少而定，一般高档鲜叶投叶量在0.25～0.50千克时，锅温约150℃。叶量少，锅温低；叶量多，锅温高。以鲜叶落锅时有起爆声为宜。杀青时，用手迅速翻炒，要求撩得净，抖得散，杀得透。杀青时间为5～6分钟，待芽叶质地变柔软，手握不黏，略有清香，失去鲜叶原有光泽为适度。

斜锅杀青。斜锅就是将炒茶锅斜放（呈35°的倾斜）在茶灶上。炒茶时，锅温一般为180～200℃，投叶量为0.5～1.2千克。用手掌把杀青叶从锅的一边推向对角的一边，并将杀青叶抖散，均匀受热。也可以借助工具，如竹叉、竹帚等翻炒。炒茶时，先快后慢，不能使杀青叶滞留在锅底，待到杀青适度，即出锅。

（2）机械杀青。杀青机类型很多，但主要有锅式杀青机、槽式杀青机、滚筒式杀青机等机种。

锅式杀青机。有单锅杀青机、两锅（连续）杀青机和一灶三锅连续杀青机。这三种杀青机的结构及操作方法有不同之处，但炒茶锅口径均为84厘米。因此，炒茶锅的投叶量基本相同。锅式杀青机因手工投叶，所以，根据锅温定投叶量，在锅温为260～280℃时，每锅投叶5～7千克；锅温达到300～360℃时，则每锅投叶量为10千克。58型或67型杀青机，投叶量一般为8～10千克。嫩叶、雨水叶投叶量宜少，而老叶则适当增加。反之，锅温高，则投叶量增加；锅温低，投叶量减少。一般认为，白天视锅底呈灰色，晚上视锅底呈微红色，锅温可达300℃以上，此时投叶会发生起爆声。投叶后，先焖炒（即加锅盖）2分钟，随后抛炒（即开盖）到杀青适度止。一般杀青时间为9～12分钟。

槽式杀青机。这是一种连续性的杀青作业机。使用前，先烧旺炉灶，启动机器，锅温达到要求时，先将15千克摊放叶倒入槽前端先行杀青，接着由该机青叶输送带将鲜叶不断送入槽内，杀青的始末温度为360～200℃，在转速为15转/分钟条件下，每小时可投叶250千克，需用煤30千克左右。

滚筒式杀青机。它也是一种连续作业的杀青机，因滚筒筒径大小不同而形成多种型号，一般滚筒杀青机筒径在 60 ～ 80 厘米，筒长 400 厘米。使用时，点燃炉火后即需开机启动，使转筒均匀受热，免使筒体变形。待筒内有少量火星跳动即可开动输送带送叶。出叶时要开启排湿罩电动机，将水汽排出。滚筒杀青机上装有温度指示计，根据温度指示进行投叶。滚筒杀青机从青叶投入至出叶约需 4 分钟，不同等级的鲜叶或含水量不同的鲜叶要求温度不一，可以通过杀青机输送带上的匀叶器来控制投叶量。在春季，嫩叶投叶量 150 ～ 200kg/h，老叶应略增加。杀青结束前半小时，应停止添加燃料，以免产生焦叶。

3. 揉捻

在绿茶加工中，除少数名优绿茶的揉捻是结合做形和干燥工序进行外，一般都是加工过程中不可缺少的工序。

（1）揉捻目的。通过揉捻，卷起茶条，初步形成条索，缩小体积，为成茶的美观外形奠定基础；同时，适当破坏杀青叶的叶细胞组织，部分茶汁流出附于茶条表面，使成茶冲泡时茶汁较容易泡出。

（2）揉捻方法和技术。绿茶加工中的揉捻作业，有手工揉捻和机械揉捻两种揉捻方法。目前除一些名优绿茶加工尚少量保留手工揉捻外，绝大多数已实现机械化作业。

手工揉捻。手工揉捻适合于少量绿茶或部分名优绿茶的揉捻作业。手工揉捻在揉捻台上进行。揉捻台就是一张供揉捻用的桌子，上置揉捻篾片。作业时，用单手或双手将茶叶握在手心，在揉捻篾片上向前方推揉，使茶团在手心中翻转，揉到一定程度解块一次，使加工叶不结块。

机械揉捻。机械揉捻使用茶叶揉捻机（见图 5－1）进行。机械揉捻时，要求机内装叶量适当，“嫩叶适当多投，老叶适当少投”，加压要“轻—重—轻”，并且“嫩叶宜冷揉轻揉”、“老叶宜热揉重揉”，尤其是一些名优绿茶加工，一定要“轻压短揉”。

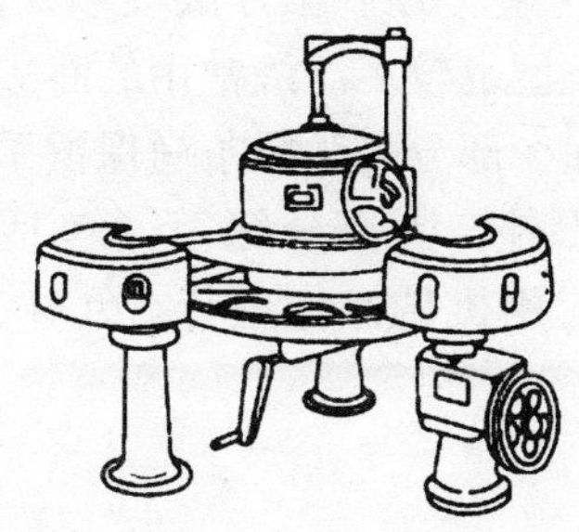

图5－1　揉捻机

4. 做形

名优绿茶加工中，做形是不可缺少的关键工序，因为各类名优绿茶独特、优美和雅致的外形，都是通过精细、复杂的做形工序而加工完成的。名优绿茶的做形，有些是独立成为一个工序，有些则是贯穿在杀青、揉捻和干燥等各个工序过程中，伴随着水分散失、芽叶物理性状变化，采用相应的做形手法完成。在大宗绿茶的加工中，茶条形状是在揉捻和干燥过程中逐步完成的。一般来说，加工叶含水率在55%～30%时，做形最有利，此时的芽叶柔软性、塑性较好，较易成形；而含水率在20%以下时，芽叶已发硬，做形已较为困难，此时伴随着水分的散发，茶条形状被逐步固定。

5. 干燥

干燥是绿茶初制加工的最后一道工序。

（1）干燥目的。一是为进一步蒸发去除茶叶中的水分，使成茶的含水率达到规定的标准之内，以便贮存和保管；二是通过干燥过程，使加工叶进一步成形，而叶内的化学成分将继续发生热物理和化学变化，最后形成并固定绿茶所特有的色、香、味、形。

（2）干燥方法。绿茶的干燥方法较多，同时所应用的炒干机械和烘干机械的类型也较多。最常用的有炒干、烘干及烘炒结合等方法。目前，除少部分名优绿茶尚保留手工在加热的炒叶锅内炒干或用烘笼烘干外，大部分绿茶（包括大部分名优绿茶）的干燥作业，均已应用机械操作进行。6CH 系列茶叶自动烘干机如图 5－2 所示。

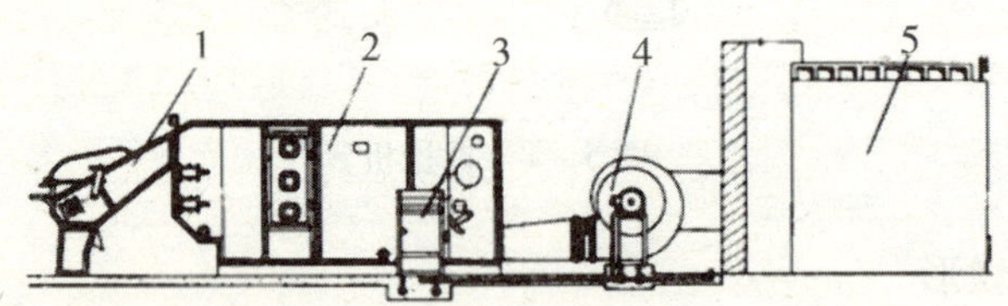

图 5－2　6CH 系列茶叶自动烘干机

1——叶输送，2——主机，3——传动变速装置，4——风机，5——热风炉

6. 精制或筛分整理

经初制加工鲜叶所形成的“毛茶”，再经过精制或筛分整理而形成的产品，称为精制茶，也称为商品茶。

一般情况下，毛茶虽已粗略分出等级，但在同一等级中还存在着大小、长短、粗细、厚薄等差别，同时还包含着老叶、茎梗、黄片、茶子和非茶类夹杂物等。精制的目的就是应用有关工艺和机械，对毛茶进行筛分、切轧、风选、拣剔等，使其按大小、长短、轻重、粗细等规格分开，并去除茎梗、片末和非茶类夹杂物，再按有关标准进行拼配匀堆，经过包装后形成商品茶，最终提供市场销售。

（二）绿茶精制加工主要工序

茶叶精制的目的，总的来说，就是改进毛茶品质，使产品规格化，以更好地适应消费者的需要。绿茶的精制工序主要包括筛分、风选、拣剔、切断、复火与车色、匀堆六道工序。下面以颗粒绿茶的精制为例进行介绍。

颗粒绿茶的精制比较简单，加之颗粒绿茶表面积大，吸水快，一般初制完成后需及时付制，以保证品质。

1. 拣梗

拣梗的目的是去除茶叶中的毛衣和茎梗。因颗粒绿茶的产品为切碎的颗粒形，茶叶中不再含有粗大的茶梗，茶叶经多次切碎后，叶脉及茎梗与叶组织分离，经烘干后呈毛衣和短小的茎梗。目前，用于颗粒绿茶拣梗的设备为静电拣梗机和高压静电拣梗机。

2. 筛分

筛分的目的是区分颗粒绿茶的粗细大小，从而确定各号茶。常用的筛分设备为平面圆筛机。颗粒绿茶经一次筛分后即可完成分级，筛网的配置按照市场的要求来决定。通常配置 7 孔、10 孔、24 孔、60 孔。60 孔底为茶灰，7 孔面为头子茶，10 孔底 24 孔面为 1 号茶，7 孔底 10 孔面为 2 号茶，24 孔底为 3 号茶。

3. 风选

风选是颗粒绿茶成品的一个定级工艺过程。目的是按颗粒的轻重来分离出茶叶的级别，扇去各号茶的轻身片茶。

常用的设备是各式风选机，如立式风选机和送风式风选机都能应用。如采用 6CES－50 型立式风选机定级，经风选机产生 1 号颗粒绿茶、2 号颗粒绿茶、3 号颗粒绿茶，以上三个成品是风选机的正口重身茶，各号风选机的二、三口合并成为 4 号颗粒绿茶；要求 1、2、3 号茶既不带茎梗，又不带轻身片茶，成品符合各号茶的质量标准。

二、红茶加工

红茶是中国生产和出口的主要茶类之一，也是世界上消费最多的茶类。红茶为全发酵茶，分为红碎茶（又称切细红茶）、功夫红茶、小种红茶三种。16世纪中叶，福建崇安首创小种红茶制法，分正山小种和外山小种。

（一）红茶加工工艺

功夫红茶、红碎茶和小种红茶制法大体相同，都有萎凋、揉捻（切）、发酵、干燥四个工序。

1. 萎凋

这是红茶加工的第一道工序，是指在一定环境条件下，应用一定设备，使鲜叶水分逐渐蒸发，体积缩小，叶质变软，酶活性增强，引起多酚类等内含成分发生轻度氧化的过程，它为形成红茶特有的色、香、味品质奠定了基础。影响并促成红茶萎凋的环境和工艺因素主要有温度、萎凋时间等。

萎凋温度以35～38℃较妥，而高档细嫩鲜叶则以20～30℃为宜。如温度过高，达到45℃以上，易使芽叶灼焦，会影响萎凋叶质量。从品质上看，以8～10小时完成萎凋为好。尤其是高档茶，采用20～30℃温度、8～10小时完成萎凋，品质最佳；高温快速萎凋对成茶品质不利。

2. 揉捻（切）

揉捻（切）是红茶加工不可缺少的一道工序。通过揉捻（切），萎凋叶缩成条索（或颗粒），并在逐渐卷缩成条或被切碎的同时，其叶细胞组织也被不断破坏，而挤出茶汁，经与空气接触发生氧化反应，开始发酵过程。

功夫红茶要求揉捻充分，因为它不仅依赖揉捻工序形成条索，而且要求使其细胞组织破坏率达到70%～80%，以利于下一工序的发酵。作业过程中按“轻—重—轻”的原则加压揉捻，同时投叶量要适当。揉捻过程中常常筛分复揉，对保留细嫩芽叶的锋苗和提高粗大叶子的成条率具有良好的作用。

红碎茶要求形成最大量的颗粒碎茶，而不是叶茶和片、末茶。故在揉切方法上，则应遵循“先成条，后切碎”、“多次短时，筛分复揉切”的原则，从而达到碎茶率高、成茶颗粒紧结、茶汤滋味“浓、强、鲜”的目的。

3. 发酵

发酵是红茶加工不可缺少的关键工序。发酵过程中，揉捻（切）叶内的酶活性增强，多酚类等内含成分发生强烈氧化，使之形成较多茶黄素、茶红素和香气物质，使叶色变红。它是形成红茶色、香、味品质特征的关键技术。

发酵过程与温度、相对湿度和发酵时间有密切关系。

一般认为发酵前期要求稍高的温度，以利提高酶的活性，促进茶多酚的酶性氧化，形成较多的茶黄素和茶红素；中后期则必须逐渐降低温度，以减少茶多酚的损失，减慢茶黄素和茶红素向茶褐素转化的速度，加工叶发酵时室温以控制在25℃左右为宜。

空气相对湿度保持在90%以上，有利于提高多酚氧化酶的活性，有利于其中茶黄素的形成和积累；反之，叶子含水率很低，发酵湿度又小，往往使其中茶多酚的非酶性自动氧化加速，茶褐素积累过多，造成成茶冲泡汤色和叶底都变暗，滋味也淡薄。

发酵时间，从揉捻算起，春茶一般以2.5～3.5小时为宜；夏秋季节气温高，时间可缩短。发酵时间过长，造成发酵过度，则香气低，味淡，成茶冲泡汤色叶底红暗；反之，如发酵时间太短，造成发酵不足，则香气欠高，味青涩，叶底花青，成茶冲泡汤色浅。

4. 干燥

干燥是红茶加工的最后一道工序，目的是使发酵良好的加工叶在高温热风条件下充分排湿，干燥，迅速终止酶的活性，固定叶内品质成分，挥发香气。

使用茶叶烘干机干燥红茶分两道工序进行：第一道称毛火

（初干），第二道称足火（足干），其间应摊放回潮。应遵循“毛火高温快速，足火低温长烘”原则：毛火进风口热风温度为110～120℃，以不超过130℃为宜，温度过低，酶活性不能完全终止，儿茶素类物质将继续氧化损失，茶褐素类物质也会增加积累，粗青气不能充分散发，造成汤暗、味淡、香低；足火温度以100℃左右为宜，温度不宜过高，以利于香气的形成和保持。

干燥程度，毛火一般约干燥至八成以上，以免茶多酚自动氧化，对成茶品质不利；足火干茶的含水率以4%～5%、最高不超过6%为好，这样才能保持成茶不变质。同时，烘干时还要注意风量不能过小，否则排湿不良，不利于良好干茶品质的形成。

（二）功夫红茶加工

我国功夫红茶产地较广泛，各地的功夫红茶，品质风格虽有所差异，但加工方法基本相同。

功夫红茶制造分初制和精制两个阶段，初制加工技术有萎凋（萎凋使用工具如图5－3所示）、揉捻、发酵及干燥工序。制成红毛茶后，送售精制厂，经筛分、风选、拣剔、复火、拼配等工序制成功夫茶成品。功夫红茶因工艺复杂、费时费工、技术性强而得此名。

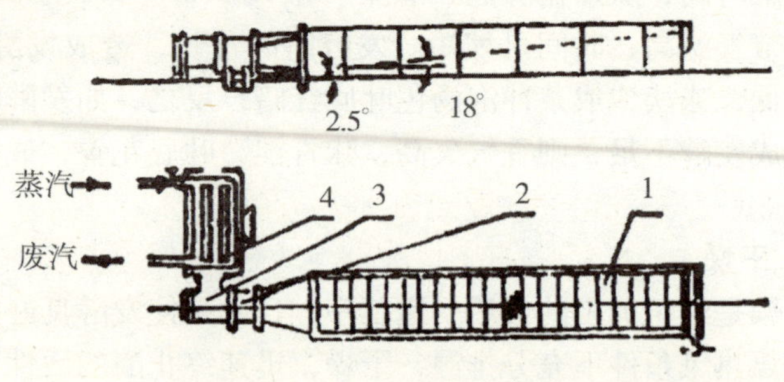

图5－3　功夫红茶萎凋槽

1——槽体，2——风机，3——空气调节装置，4——热风装置

（三）红碎茶加工

红碎茶是国际市场上销售量最多的茶类。由于我国红碎茶品质参差不齐，加上国内名优茶的兴起与国际市场出口的激烈竞争，导致中国红碎茶的出口价格不断下滑，使近年来国内红碎茶生产很不景气。

红碎茶的初制与功夫红茶初制相似，不同的是红碎茶需揉切（揉切使用工具如图 5－4 所示），这样，红碎茶的加工工艺就由鲜叶萎凋、揉切、发酵和干燥等工序所组成。

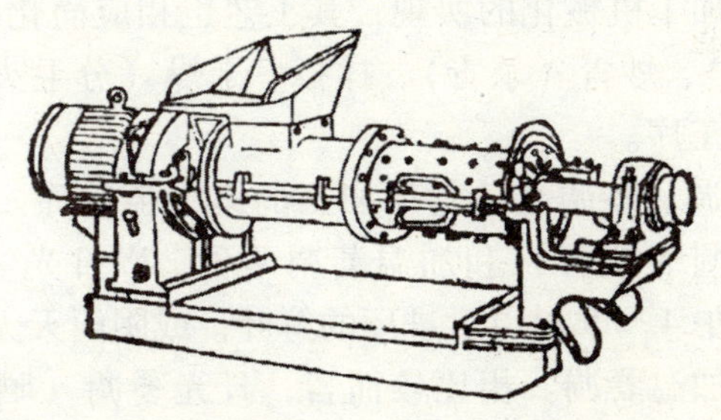

图 5－4 翼片棱板式（7051）转子揉切机

三、乌龙茶（青茶）加工

乌龙茶又名青茶，为我国六大茶类之一，主产于我国的福建、广东和台湾等省，近年来江西、海南、浙江等省也有少量生产。其中福建生产的乌龙茶历史最悠久，花色品种最多，品质也最好，是我国乌龙茶的发源地和主要产地。

乌龙茶闻名中外，它的加工和生产不仅为中华茶叶增添了光辉和骄傲，而且博得了中外历代名人和广大饮茶者的讴歌和赞颂。我国乌龙茶有闽北乌龙茶、闽南乌龙茶、广东乌龙茶和台湾乌龙茶，为半发酵茶。乌龙茶的加工，实际上有闽北乌龙和闽南乌龙两种加工工艺方式，主要区别在于闽南乌龙有包揉成型工艺，而闽北乌龙则没有，所以两者在成茶外形和内质风格上差别较大，而其他工序的加工和操作则大体相同。至于台湾包种茶等加工工艺，则是在闽南乌龙基础上发展而来，在发展过程中形成部分差异。

（一）闽北乌龙茶（武夷岩茶）加工

闽北乌龙茶产于福建省武夷山市以及建阳、建瓯等县，主要产品除以闽北乌龙命名外，还有叫武夷岩茶的。

闽北乌龙（武夷岩茶）的制法原来是手工操作，工序繁杂。随着乌龙茶加工机械化的实现，其工艺也相应简化，包括萎凋、做青（摇青）、炒青（杀青）、揉捻、干燥（分毛火、足火两个阶段）五道工序。

（1）萎凋。萎凋是乌龙茶加工的第一道工序。岩茶萎凋方法有日光萎凋（晒青）和加温萎凋两种，以日光萎凋（晒青）为主。对下午4～5时以后进厂的鲜叶，或阴雨天无法晒青的鲜叶，则采用加温萎凋。相比较而言，日光萎凋（晒青）的制茶品质比加温萎凋的要好，但日光萎凋（晒青）的技术不易掌握。

（2）做青。做青是形成乌龙茶品质的特有工序，也是最关键、操作最复杂的工序。应遵循“循序渐进”的原则，前阶段应该轻摇（少摇）、勤摇（静置时间短），以促进“走水”为主，避免损伤叶子，特别是防止折伤，造成“死青”。待“走水”顺利后，则以促进红变和萎凋的化学变化为主，操作技术上要采取重摇，提高叶温和抑制水分蒸发等措施。

做青是在做青间进行的，由于做青要求缓慢地进行内含物的转化和积累，做青间的门窗要关闭，使温湿度相对稳定，室温保持在22～27℃，以25℃最适宜，相对湿度控制在75%～85%。早春寒冷天气，室温低于20℃时就要加温，可在室内四周放置火盆提高室温。但室温不得超过29℃。做青方法有手工和机动两种。手工做青是待鲜叶摊凉后，将水筛搬到做青间按顺序放在青架上，静置1小时后开始摇青。

(3) 杀青。杀青方法制岩茶的鲜叶较老，又经过萎调和做青，含水量较少，叶质脆硬。因此岩茶杀青应掌握“适当高温，投叶适量，翻炒均匀，闷炒为主，扬炒配合，快速短时”的原则。杀青方法有机械杀青和手工杀青两种，以机械杀青为主。

(4) 揉捻。揉捻为手工揉捻时，多采取“二炒二揉，炒揉交替进行”的方法。第一次揉捻叫初揉，第二次揉捻叫复揉。炒青叶起锅后，立即在有十字形棱骨的竹盘上趁热重揉二十几下，解块抖散，接着再重揉二十几下，揉至茶汁外溢，卷转成条即可解块进行第二次炒揉。采用机械揉捻和机械杀青配合时可简化为一炒一揉。

(5) 烘焙。岩茶的烘焙要求做到明火高温快焙和文火慢烤相结合，是形成岩茶特有色香味品质风格的重要过程。传统干燥法分为毛火（初焙）、足火（复焙）和吃火。机械化大生产只进行毛火和足火，吃火一般放在精制过程进行。

（二）闽南乌龙茶（安溪铁观音）加工

闽南乌龙茶产于安溪、永春、漳平等县，主要种类有铁观音、色种、乌龙等，其中安溪铁观音品质最优。铁观音和乌龙等都是以茶树品种名称而命名，色种则是由各种不同茶树品种混合加工而成的茶种。

闽南乌龙茶（安溪铁观音）的品质特点是外形条索壮结、重实、卷曲，多呈螺旋形，身骨沉重；色泽油润带青绿，红点明显，俗有“青蒂，绿腹，蜻蜓头”之称；内质香气浓郁清长，“音韵”明显，滋味醇厚甜鲜，入口微苦，迅即转甜，稍带蜜味，汤色金黄清亮，叶底肥软而亮，红边均匀，耐冲泡。

(1) 闽南乌龙茶（安溪铁观音）初制。加工的工艺流程主要包括摊青、萎凋、晾青、摇青、炒青、揉捻、初烘、包揉造型、足火等工序。安溪铁观音鲜叶加工程序是：鲜叶→凉青→晒青→摇青→炒青→揉捻→初焙→包揉→复焙→复包揉+足火→毛茶。

闽南乌龙茶的精制加工以拣梗为主、整形为辅，目的是分清等级，剔除杂物，分出正茶和副茶。加工过程中，采用“多级付制，单级收回”的加工方法，成品通过复火，加足火候，便于贮运。乌龙茶外形粗大，形状皱曲，为了保持条索完整，在加工中要注意防止碎茶和粉末的产生，抖、切千万不能过重过多；筛分时，筛网孔眼配置宜较大，筛分转速宜较快。精制后的成品茶，色泽要求绿润，汤色橙黄，耐冲泡。因此，乌龙茶精制加工对于火候非常讲究，烘焙火温掌握必须适当。

（2）闽南乌龙茶精制的加工。精制加工的主要程序有：毛茶、筛分、风选、机拣、手拣、复火、摊凉、匀堆、过磅、装箱等。

（三）广东乌龙茶（凤凰单枞）加工

广东乌龙茶产于汕头的潮阳、潮州的饶平、梅州市的大浦，以及东莞等地，其主要品种有凤凰水仙、梅占、毛蟹、奇兰、黄朴、铁观音、乌龙等。其中，潮州市所产凤凰单枞以香高、味浓、耐泡而最为著名，凤凰浪茶、凤凰水仙品质稍次。广东乌龙茶的毛茶集中在汕头加工出口。

广东乌龙茶（凤凰单枞）的品质特点：广东乌龙茶的外形条索卷曲，紧结肥壮；色泽表褐油润而牵红线，似鳝鱼色，呈“三节色”；内质香气浓，有自然花香，滋味醇厚、鲜爽、回甘，且具有特殊山韵；汤色黄艳带绿，叶底柔嫩，绿叶红边，耐冲泡，冲泡多次仍有余香。

（1）广东乌龙茶（凤凰单枞）的初制加工技术。凤凰单枞和高级浪茶一般以手工加工为主。单枞的初制工艺过程可分为晒青与晾青、浪青（碰青、摇青）、炒青、揉捻（做形）、烘焙六道工序，制法与武夷岩茶相似。

(2) 广东乌龙茶（凤凰单枞）的精制加工技术。广东乌龙茶凤凰单枞的精制加工，一般也是采用单级付制、单级收回、分别归堆，最后收回同级成品。加工过程可分为筛分（抖筛、圆筛）、风选、拣剔、干燥、匀堆、装箱六道工序。

四、白茶、黄茶、黑茶加工

白茶、黄茶和黑茶均分别为我国六大茶类之一，并且都是我国特有和生产历史悠久的茶类。

(一) 白茶加工

白茶的花色品种较多，主要有白毫银针、白牡丹、寿眉、贡眉和新白茶等。白茶的品类依茶树品种和采摘标准不同而区分。大白茶新梢的肥芽制成的称白毫银针；大白茶或水仙品种枝梢的一芽一二叶制成的称白牡丹；采白茶短小的芽叶和大白茶的单叶制成的称贡眉和寿眉。

白茶由于制法不经炒、揉（只有新工艺白茶经轻揉），毛茶芽叶完整，白毫不脱，毫香清鲜，汤色浅淡，滋味醇和，持久耐泡。白茶性清凉，有退热降火、解热止渴效果。以白毫银针的加工技术为例介绍如下：白毫银针的加工制造工艺过程为萎凋、烘焙、筛拣、复火、装箱。因产地不同，初制工艺略有区别。

(1) 福鼎制法。将茶芽均匀薄摊在水筛上，每筛摊叶约0.25千克。摊后即置于架上日晒，勿加翻动，以免茶芽受机械损伤而变红。晴爽天气，晒一天达八九成干度，再用焙笼烘焙，焙心上垫一层白纸，每笼放茶芽0.125千克，火温30～40℃，不能过高或过低。若火温太高，摊芽厚，则芽色焦红，香气不纯；若火力不足，则芽色容易变黑；火候太过则芽色变黄而欠白。

(2) 政和制法。将茶芽摊在通风阴凉处或微弱日光下萎凋至七八成干，再放在烈日下晒至全干，历时两三天，中途遇雨则须烘焙。也有采取先晒后风干的，一般多于午前日光不强时晒2～3小时，再移至阴凉处风干。白毫银针以北风晴天（空气相对湿度低）采制的芽白梗绿叶鲜，品质好；南风天空气湿度大和雨天采制的色暗梗黑叶鲜，品质低。

（3）精制加工。白毫银针精制工艺简单，一般用六号或七号筛筛分，筛面为正品，筛下为次品。筛后拣去叶片和杂质，并将茶梗（俗称“银针脚”）摘掉。再用文火焙约10分钟，焙至含水量3%左右，趁热装箱。一般每千克芽叶（一芽一叶）可“抽针”即茶芽0.6千克，单叶约0.4千克。每7～8千克芽叶可制成白毫银针成品1千克。

（二）黄茶加工

黄茶也是一种生产历史悠久的茶类。早在唐代，四川的蒙顶黄芽已作为贡茶，霍山黄芽（古时称寿州黄芽）也已很出名了。

黄茶的品质与工艺特征是黄叶黄汤，香气清悦，滋味醇厚。黄茶类制造的典型工艺流程是杀青、闷黄、干燥。黄茶的制法特点主要是闷黄过程，闷黄是黄茶加工的关键工序。

（1）黄大茶初制加工技术。黄大茶初制加工工艺过程有炒茶（杀青和揉捻）、初烘、堆积、再烘焙五道工序。堆积是为了闷黄。①炒茶。炒茶分生锅、二青锅、熟锅三个阶段，三个阶段在三个相连的炒茶灶锅内相继完成。炒茶工具就是砌成单列相连的三口斜锅炒茶灶锅，茶锅前倾25°～30°。茶叶翻炒工具是一用竹丝扎成的长1米、直径0.1厘米的圆形炒茶把。生锅用旧把，二青锅、熟锅用新（软）把。②初烘。以烘笼或烘干机烘焙，温度120℃左右，烘至七八成干，有刺手感觉，折之梗皮连即为适度。下焙后立即进行堆积，或由企业收购快速集中堆积。③堆积。初烘叶趁热堆积于茶篓或圈度内，稍压紧，放在温高干燥的室内（一般是利用烘房余热）。茶堆高1米，时间5～7天，堆到叶色变黄，香气透露，即达适度。堆积要经常检查是否发热、霉变。如有发热，应提前打足火。④再烘焙。黄大茶足火可分拉小火和拉老火两个阶段。

（三）黑茶加工

黑茶是我国特有的禹茶类，其产量仅次于红、绿茶。以黑毛茶为原料经压制定型的紧压茶，是边疆藏族、蒙古族和维吾尔族等兄弟民族日常生活中的必需品。黑茶产区有湖南、湖北、广西、四川和云南五省（区）。

黑茶的品质特点如下：黑茶品种很多，有湖南黑茶、湖北老青茶、南路边茶、西路边茶等，有时将云南的普洱茶也列入黑茶范围，但茶叶界有不同看法。这些种类的黑茶，品质不尽一致，但它们有着共同的特点：鲜叶原料一般较粗老，多系一芽五六叶甚至更老的茶树枝叶，外形叶粗梗长；制造中都有渥堆、发酵过程。以湖南黑毛茶加工技术为例介绍如下：湖南黑茶的加工工艺过程可分为杀青、初揉、渥堆、复揉、干燥五道工序。

（1）杀青。由于湖南黑茶鲜叶原料粗老，含水率低，叶质硬化，杀青时不容易杀透杀匀，所以在杀青前对鲜叶原料一般都要进行洒水处理。

湖南黑茶的杀青方法有手工杀青和机械杀青两种。①手工杀青。一般采用大铁锅进行，锅口直径 80 ～90 厘米，在高 70 厘米的灶上倾斜安装，斜度为 30°左右，以便于加工叶翻动和提高工效。杀青用的草把和特制三叉状的炒茶叉必须备好。杀青锅温为 280 ～320℃，每次投叶量为 4 ～5 千克。鲜叶下锅后，先用双手均匀快炒，炒至烫手时改用炒茶叉抖炒，俗称“亮叉”。当蒸汽大量出现时，则以右手持叉，左手握草把，将炒叶转滚焖炒，俗称“渥叉”。亮叉的目的是散发水分，防止产生水焖气；渥叉则可使叶温升高，达到杀青匀透。如此渥叉与亮叉反复进行 2 ～3 次，每次 8 ～10 叉，达到杀青适度时，迅速用草把将杀青叶从锅中扫出。杀青时间为 4 分钟左右。②机械杀青。湖南黑毛茶产区大都采用锅式茶叶杀青机或滚筒式茶。使用锅式杀青机杀青时，当锅温达到杀青要求时，每锅投叶量 8 ～10 千克洒水叶。操作方法要“多焖少透”。鲜叶放入锅中后，即加盖焖炒，2 分钟左右去盖，透炒 1 ～2 分钟，然后再焖炒与透炒交叉进行，直至杀青适度。杀青程度以叶色由青绿变为暗绿，青气基本消失，发出特殊清香，茎梗折而不断，叶片柔软，稍有黏性为适度。

（2）初揉。初揉的作用主要在于破坏叶细胞，使茶汁附于加工叶表面，并使叶片初步成条，为下道工序的进行创造条件。目前黑茶加工使用的揉捻机主要有 6CR－55 型和 6CR－65 型等，6CR－55 型茶叶揉捻机的投叶量为 20 ～25 千克。揉捻方法与一般红、绿茶揉捻相同，加压也要掌握“轻—重—轻”原则，但以松压和轻压为主，即采用“轻压、短时、慢揉”的办法。

（3）渥堆。渥堆是黑茶制造中的特有工序，也是形成黑茶品质的关键性工序。经过这道特殊工序，使叶内的内含物质发生一系列复杂的化学变化，以形成黑茶特有的色、香、味。渥堆要求有适宜的条件。渥堆场所要清洁，无异味，无日光直射，室温保持在 25℃以上，相对湿度在 85% 左右。渥堆要求操作过细。一、二级叶初揉后解散团块，堆在篾簟上，厚 15 ～25 厘米，上盖湿布，并加覆盖物，以保湿保温，促进化学变化。

（4）复揉。复揉的主要目的是使渥堆时回松的叶子进一步揉成条，并在初揉的基础上进一步破坏叶细胞，以提高茶条的紧结度和香味的浓度。方法是将渥堆适度的茶胚解块后上机复揉，揉法和初揉相同，但加压更轻些，时间更短些。以一、二级茶揉至条索紧卷，三级茶揉至“泥鳅”状茶条增多，四级茶揉至叶片折皱为适度。

（5）干燥。干燥多采用烘焙法进行，烘焙仍用手工操作，一般在特砌的“七星灶”上用松柴明火烘焙。湖南黑茶因此带有特殊的松烟香味，俗称“松茶”。

第二节 茶饮料

茶饮料是指以茶叶的萃取液、茶粉、浓缩液为主要原料加工而成的，含有一定量的天然茶多酚、咖啡碱等茶叶有效成分的软饮料。茶饮料既具有茶叶的独特风味，又具有营养、保健功效，是一类天然、安全、清凉解渴的多功能饮料。茶饮料的发展经历了传统冲泡、速溶茶、果汁茶、纯茶、保健茶这五个阶段。

一、茶饮料的分类

对茶饮料进行科学的分类，有助于茶饮料的开发、生产、管理和茶饮料标准的制定。根据中华人民共和国国家标准 GB 10789—1996，茶饮料分为以下四类（2001 年又新增两种）。

（一）茶汤饮料

茶汤饮料是将茶汤（或浓缩液）直接灌装到容器中的制品。

（二）果汁茶饮料

果汁茶饮料是指在茶汤中加入水、原果汁（或浓缩果汁）、糖液、酸味剂等调制而成的制品，成品中原果汁含量不低于 50g/L。

（三）果味茶饮料

果味茶饮料是指在茶汤中加入水、食用香精、糖液、酸味剂等调制出的制品。

（四）其他茶饮料

其他茶饮料是指在茶汤中加入植（谷）物抽提液、糖液、酸味剂等调制出的制品。

（五）碳酸茶饮料

碳酸茶饮料是指在茶汤中加入水、糖液等经调味后，充入二氧化碳制成的茶饮料。

（六）奶味茶饮料

奶味茶饮料是指在茶汤中加入水、鲜乳或乳制品、糖液等调制而成的茶饮料。

二、茶饮料的生产工艺

各种类型的茶饮料其生产工艺流程基本上相同，但对不同的品种及包装容器类型其工艺流程稍有差异。

（一）纯茶（绿茶、红茶和乌龙茶）饮料生产工艺

1. 日本罐装茶饮料的标准工艺流程

原水→水处理→煮沸→冷却（pH 值调整为 6.0）→茶叶浸提（温度为 60～80℃，时间为 2～4 分钟）→过滤（250 目尼龙滤布）→调和（加入维生素 C）→加热（90～95℃）→充填→密封（充氮，氧气含量 < 0.2 毫升/100 毫升）→杀菌（温度为 121℃，时间为 3～13 分钟）→冷却→成品。

2. 易拉罐纯茶（无糖）饮料典型工艺流程

去离子水→茶叶→浸提→冷却→精滤→调配→加热→灌装→密封→杀菌→冷却→装箱→成品。

3. PET 瓶灌装茶饮料典型工艺流程

去离子水→茶叶→浸提→茶抽出液→过滤→加热→UHT 杀菌→冷却→无菌充填（杀菌的 PET 瓶）→封盖（杀菌的盖）→冷却→贴标→检验→装箱→成品。

4. 典型茶抽出液生产工艺流程

水→水处理→去离子水→茶叶（经预处理）→浸提→过滤（茶渣废弃）→冷却→离心分离→调和。

5. 典型的罐装乌龙茶饮料生产工艺流程

乌龙茶叶→浸提→过滤→维生素 C 和 $NaHCO_3$ 调和→加热（温度为 90～95℃）→灌装→充氮→密封→杀菌→冷却→包装→出厂。

6. 典型的罐装绿茶饮料生产工艺流程

绿茶→浸提→过滤→维生素 C 和 $NaHCO_3$ 调和→加热（温度为 90℃）→灌装→充氮→密封→杀菌→冷却→成品。

7. 典型的红茶饮料生产工艺流程

水→净化→去离子水→红茶→浸提→过滤→转溶→调和→灌装→密封→杀菌→冷却→成品。

（二）速溶茶加工工艺

目前市场上的速溶茶可分为速溶绿茶、速溶红茶、速溶乌龙茶、速溶花茶和调味速溶茶（冰茶）等。标准的速溶茶加工工艺流程如图 5－6 所示。

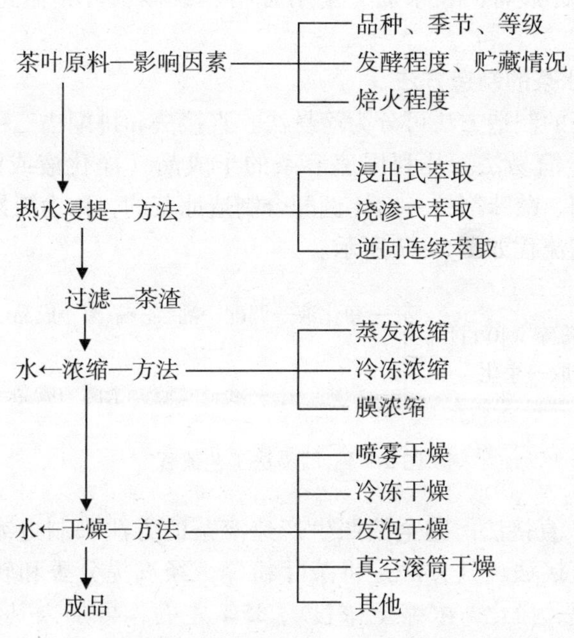

图 5－6 速溶茶加工工艺流程

速溶红茶、速溶乌龙茶和速溶绿茶的生产工艺主要包括取材、处理、浸提、净化、浓缩、干燥、包装等步骤。

（三）冰茶饮料的加工工艺

冰茶又称为混合速溶茶或调味速溶茶，它是以速溶茶为基本原料，加上适量的甜味剂、酸味剂、果汁、食用香精等经调制而成的饮料。冰茶的风味以茶为主体，兼吸收其他许多食品的风味和特色，如果汁冰茶富有各色天然鲜果风味，充气冰茶兼有汽水、可乐等清凉饮料的特色。冰茶品种繁多，是现代速溶茶发展的一种主要趋势。

冰茶的组分包括速溶茶（速溶红茶、速溶绿茶和速溶乌龙茶等）、甜味剂、酸味剂、食用香精、载体、营养强化剂和色素等。

1. 冰茶的制造方法

冰茶的制造方法可分为简易法、直接法和拼配法三种

（1）简易法。凡利用速溶茶的半成品（净化液或浓缩液）与甜味剂、酸味剂按一定比例配合制造冰茶的，称为简易法。简易法工艺流程如图 5－7 所示。

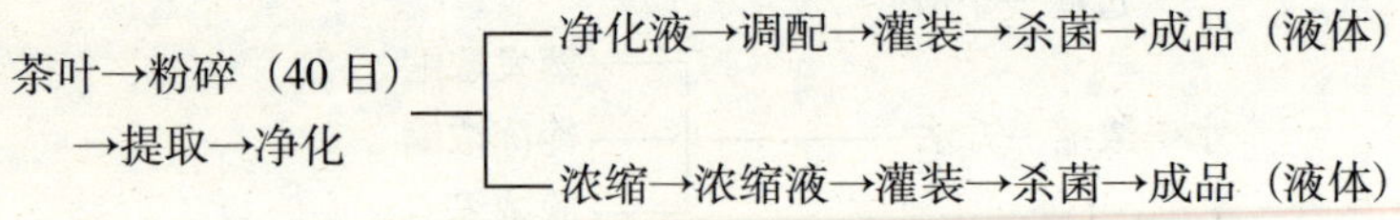

图 5－7　简易法工艺流程

（2）直接法。完全按照生产速溶茶的方法来制造冰茶的方法称为直接法。其方法是将茶叶粉碎，经汽提分香和转溶处理后，抽提，净化，浓缩至浓度为 35% 左右，再加入其他组分，干燥即得。该法生产的冰茶茶香保持较好。其生产工艺流程如图 5－8 所示。

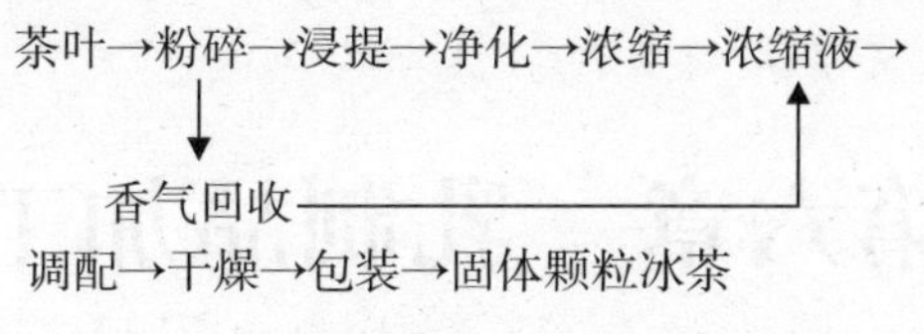

图5－8　直接法工艺流程

（3）拼配法。拼配法是将速溶茶、甜味剂、酸味剂、香精香料、抗氧化剂等配料按一定的比例调配拌和后，再经包装而成产品的方法。

2．茶叶碳酸饮料

茶叶碳酸饮料又称为茶汽水、汽茶，通常由茶汁、水、甜味剂、酸味剂、香料、色素、二氧化碳及其他原辅料组成。由于茶水中含有二氧化碳，可使茶水饮料风味突出、口感强烈，使人有清凉舒爽的感觉。

3．奶茶

①工艺流程：红茶→烘干→粉碎→第一次浸提→离心过滤→第二次浸提→离心过滤→第三次浸提→离心过滤→合并滤液→加果糖→色度调整→红茶提取液→加奶粉、白砂糖→加单甘酯→均质→杀菌→包装→检验→成品。②操作要点。茶叶放入干燥箱内，90℃下烘0.5小时，取出粉碎（粒度为500目以下）。茶粉与水按1∶（10～20）比例在90℃以上萃取适当时间，再重复几次，合并滤液。滤液温度调整至70℃以上，加入果糖和山梨糖醇，抑制“冷后浑”的产生。然后用折光计测量调整茶汤至适当浓度，加入奶粉、白砂糖和单甘酯，充分搅拌溶解，然后在压力下均质。均质后的奶茶汁经巴氏灭菌、包装即得成品。该产品色泽红艳带奶白色，入口甘甜，奶香浓郁。

第六章　乳制品加工

第一节　液态奶

一、概述

近几年来，液态奶市场的快速发展，使我国长期以来以奶粉为主的乳制品结构发生了巨大的变化，传统的乳粉市场逐渐下滑，而液态奶市场显著上升，特别在城市表现得尤其突出。

液态奶主要指巴氏消毒奶和超高温灭菌奶（UHT 灭菌奶）。巴氏消毒奶通常指经过 85℃/15 秒高温短时间杀菌以杀死所有致病菌而成的液态乳、风味乳或乳饮料等液态乳制品，4 ～6℃下保质期为 1 天；UHT 灭菌奶通常指经过 135 ～150℃/(2 ～4) 秒超高温灭菌以达到商业无菌而成的液态乳、风味乳或乳饮料等液态乳制品，室温下保质期为 6 个月。

巴氏消毒奶和保鲜奶具有新鲜、营养、食用方便等优点，但需冷藏且保质期短，不便远距离无冷链运输。UHT 灭菌奶具有营养、卫生、安全、保质期长又无需冷藏等优点，有效地缓解了人多地区奶少而人少地区奶多这一生产与消费之间的尖锐矛盾。

随着液态奶市场的迅猛发展，国内乳品企业不断引进先进的乳品加工技术以改良产品品质，争取更大的市场份额，从而实现商业利润最大化。但是由于对引进技术缺乏足够的理解和消化，而对传统加工技术又缺少系统的认识，导致在生产中出现各种各样的问题。本章较为详尽地阐述了消毒奶、保鲜奶及超高温灭菌奶的生产技术。

二、生产基本原理和技术

（一）消毒奶生产基本原理和技术

牛奶的巴氏杀菌是非常重要的工艺过程。巴氏消毒的主要目的是杀死能引起人类疾病的所有微生物，经巴氏消毒的奶必须完全没有致病菌。除了致病微生物外，牛奶还含有能影响产品风味和保存期的其他成分和微生物。因此，巴氏杀菌的第二个目的是尽可能多地破坏这些微生物和酶类系统，以保证产品质量，这就需要比杀死致病菌所需要的更强的热处理。随着乳品厂的扩大，热处理的第二个目的变得越来越重要。由于牛奶间隔时间的延长，微生物有更多的繁殖时间并产生酶类，微生物代谢产生的副产物在某些情况下是有毒的，此外还引起牛奶的某些成分分解及pH 值下降等。为了克服这些问题，当牛奶到达乳品厂时必须尽快进行热处理。从杀死微生物的观点来看，牛奶的热处理强度是越强越好。但是，强烈的热处理会对牛奶的外观、味道和营养价值产生不良影响，使牛奶中的蛋白质在高温下变性；强烈的加热使味道改变，首先是出现蒸煮味，然后是焦味。因此，时间和温度组合的选择必须考虑微生物和产品质量两方面，以达到最佳巴氏消毒效果。

为了保证杀死所有的致病微生物，牛奶加热必须达到某一温度，并在此温度下持续一定时间，然后再冷却。温度和持续时间的组合非常重要，它决定了热处理的强度。实验表明，如果把牛奶加热到 70℃并在此温度下持续约 1 秒就可能把大肠菌杀死，而在 65℃的温度下则需持续 10 秒才能杀死大肠菌。换句话说，这两个组合，70℃/1 秒和 65℃/10 秒，具有同样的杀菌效果。

（二）超高温灭菌奶基本原理

目前的牛乳巴氏杀菌的温度—时间标准是把牛乳加热到 63℃以上至少 30 分钟，或者 72℃以上至少 15 秒。实际上，在这两种情况下所有致病的微生物均已杀死，并且大部分物理和化学性质如色泽和风味也保持不变。如果温度升高，杀死微生物或细菌的效力会提高，但同时物理变化和化学变化也变得更为注目。不过两者增长的速率并不相等。在牛乳的高温处理过程中，普通的化学变化之一是由蛋白质和还原糖相互作用产生褐变。尽管牛乳褐变的速度随温度上升而加快，但是并不与超高温范围温度内杀菌效率上升速度成正比。

在温度上升不到135℃时，杀菌效应与褐变效应速率之比未发生显著的改变。135℃以上杀菌效应比褐变效应的增长快很多。在140℃，杀菌效应比褐变效应速率增长到大2000倍，在150℃更增长到大5000多倍。因此，牛乳在135℃或者更高温度进行处理可以成为颜色变化很小的灭菌产品。以这种方法杀菌的牛乳颜色实际上并不比高温短时间巴氏杀菌的牛乳色深。所以，升高牛乳处理温度和缩短保温时间，对于改善处理过程的杀菌效果、减轻处理牛乳不良颜色变化是最可靠的途径。实验表明，如果牛乳在135～150℃超高温范围和几秒钟情况下进行处理，就有可能获得事实上没有存活的细菌以及比传统装罐杀菌更少不良色泽的牛乳制品。这就是超高温牛乳杀菌新工艺所依据的基本原理。

目前，牛乳和乳制品的超高温灭菌处理一般有两种方法：直接加热法和间接加热法。

直接加热法：乳制品先用蒸汽直接加热，接着急剧冷却。此法可采用两种形式的加热器：喷射式和注入式。

间接加热法：是通过热交换器器壁之间的介质间接加热制品的方法。同样，制品冷却也可间接通过各种冷却介质来实现。加热介质包括过热蒸汽、热水和加压热水，冷却介质有冷水或冰水。

间接加热法所采用的热交换器一般有三种形式：板（片）式、套管式和刮扳式。板式热交换器的特点是处理能力大、结构紧凑，较常用；套管式热交换器具有极高强度，可以承受高压；

副板式热交换器则只有对钻度很大的制品才是适用的。

在直接和间接加热两种方法中，从制品预热直至最后冷却，均广泛采用片式热交换器实现冷、热制品之间酌热交换作用。

三、生产工艺

（一）消毒奶生产工艺

消毒奶生产的基本工艺包括如下几个过程：冷却、净乳和脂肪分离、脂肪标准化、均质、巴氏杀菌和脱气。

1. 脂肪标准化

脂肪标准化的目的是保证牛奶中合有规定的最低限度的脂肪。各国牛奶脂肪标准化的要求有所不同，一般说来低脂奶含脂率为0.5%，常规奶为3%，目前市场上也出现了含脂率大于3.5%的高脂牛奶。在乳品厂中牛奶和稀奶油的标推化要求非常精确。在经标准化产品中含脂率过高会造成浪费，而含脂率太低则为不合格产品。

2. 巴氏杀菌

巴氏杀菌的温度和持续时间是关系到牛奶的质量和保存期的重要因素。牛奶高温短时巴氏杀菌的温度通常为85℃，持续15秒。如果巴氏杀菌温度太高，牛奶会有蒸煮味和焦煳味，稀奶油也会产生结块或聚合。

3. 均质

均质可以是全部的，也可以是部分均质。许多乳品厂仅使用部分均质，主要原因是部分均质只需一台小型均质机，这从经济和操作方面来看都有利。牛奶经全部均质后，通常不发生脂肪絮凝现象，脂肪球相互之间完全分离。

如果均质温度太低，也有可能发生黏滞现象。因此，均质温度不能低于50℃，巴氏杀菌温度不应低于75℃。通常进行均质的温度为65℃，均质压力为10～20MPa。

经过均质，可有效地防止牛奶在贮存过程中形成乳脂层。可以通过测定均质指数来检查牛奶的均质效果。把奶样在4℃和6℃的温度下保持48小时，然后测定上层（容量的1/10）和下层（容量的9/10）中的含脂率，上层与下层含脂率的百分比差值乘以上层含脂率即为均质指数。均质奶的均质指数应在1～10的范围之内。

我国现在生产的消毒牛乳以玻璃瓶消毒牛乳为主。其生产工艺流程如图6-1所示。

原料乳验收→净乳→冷却→标准化→预热→均质→杀菌→冷却→灌装→加盖→装箱→冷藏→检验→出厂

↑

消毒←清洗←空瓶回收整理

图6-1　消毒奶生产工艺流程

（二）UHT奶生产工艺

UHT奶又称超高温灭菌奶，其瞬间灭菌的方法有两种，即直接蒸汽加热法和间接蒸汽加热法。目前UHT多采用间接加热法，在此着重介绍间接蒸汽加热法牛乳灭菌生产工艺流程。牛乳进入片式热交换器的温度为5℃。首先进入预热段，此段亦为热回收段，利用高温无菌乳作为加热介质，由乳本身进行热交换。进料被加热至66℃，高温乳从76℃降温至20℃。

预热后的牛乳被引至均质机进行均质，均质压力为15～25MPa，这是在灭菌前进行均质，可以使用价格较低的普通均质机，且操作易于掌握。

均质后，牛乳返回片式热交换器，进入加热段，被热水系统之高压热水加热至137℃。热水温度为139℃，由喷入热水中的蒸汽量控制。蒸汽压力为0.6MPa。

牛乳离开加热段时的温度即为灭菌温度，必须严格加以控制。137℃灼热乳进入保温管，保持4秒钟，流过保温管即为灭菌任务已完成。

离开保温管后，牛乳进入冷却段，从137℃降温冷却至76℃。冷却介质为水。冷却段在无菌条件下进行，因此，生产前要进行设备灭菌，使之达到无菌状态。

牛乳离开水冷却段后，进入热回收段，被5℃的进奶冷却到20℃。热回收段冷却也是在无菌条件下进行。至此，牛乳灭菌及冷却已全部完成。最后由无菌管道输送至无菌贮罐，或直接插送至无菌包装机。

第二节 酸 乳

一、概述

通过乳酸菌发酵（如酸奶）和由乳酸菌、酵母菌共同发酵制成的乳制品叫发酵乳。发酵乳制品是一个综合名称，包括诸如酸奶、开菲尔、发酵酪乳、酸奶油、乳酒（以马奶为主）等。发酵乳的名称是由于牛奶中添加了发酵剂，使部分乳糖转化成乳酸而来的。在发酵过程中还形成二氧化碳、醋酸、丁二酮、乙醛和其他物质。

传统意义上的酸奶现已有更为广泛的概念内涵，如干制酸奶、冷冻酸奶和杀菌酸奶均已属于酸奶的范畴。

随着冷链技术的发展，世界大多数国家（除中东国家外）对传统制品的兴趣已明显下降，新型酸奶不断涌现。现代酸奶技术概括起来呈以下的趋势和动态：

（1）加工酸奶的原乳的总干物质含量呈上升趋势，以14%～16%最为适合和常用。

（2）利用现代杀菌技术生产“长寿酸奶”已成为酸奶发展

的新热点，这类酸奶因其常温下半年以上的保质期更适于运输和消费。

（3）酸奶的品种已由原味淡酸奶向调味酸奶（添加各类香精）、果粒酸奶（添加各类水果果料）、功能性酸奶（特殊有益菌、营养成分的功能性如低脂低糖高钙高蛋白，添加维生素和矿物元素）转化。

（4）发酵菌种的保加利亚乳杆菌和嗜热链球菌为最优生产普通酿奶的菌种组合，双歧杆菌酸奶和嗜酸杆菌酸奶已越来越被消费者接受。20 世纪 90 年代以后芬兰、挪威、荷兰等国上市新型功能性酸奶——干酪乳杆菌酸奶。

（5）除对菌种自身的功能性进行筛选和甄别外，具有较好的香味和滑爽细腻质构类酸奶苗种选育已受到广泛重视，无后发酵酸奶菌种研究也受到广泛重视。

（6）在冷链情况下消费的包装形式是现阶段和将来产品的热点和趋势，这一方面缘于冷链技术的发展，另一方面有利于保持酸奶中有足够的对人体有益的活菌数。

二、酸乳的种类

通常根据成品的组织状态、口味、原料中乳脂肪含量、生产工艺和菌种的组成可以将酸乳分成不同类别。

1. 按成品的组织状态分类

（1）凝固型酸奶。其发酵过程在包装容器中进行，从而使成品因发酵而保留其凝乳状态。

（2）搅拌型酸奶。发酵后的凝乳在灌装前搅拌成黏稠状组织状态。

2. 按成品的口味分类

（1）天然纯酸奶。产品只由原料乳和菌种发酵而成，不含任何辅料和添加剂。

（2）加糖酸乳。产品由原料乳和糖加入菌种发酵而成。在我国市场上常见，糖的添加量较低，一般为6%～7%。

（3）调味酸乳。在天然酸乳或加糖酸乳中加入香料而成。酸乳容器的底部加有果酱的酸乳称为圣代酸乳。

（4）果料酸乳。成品是由天然酸乳与糖、果料混合而成。

（5）复合型或营养健康型酸乳。通常在酸乳中强化不同的营养素（维生素、食用纤维素等）或在酸乳中混入不同的辅料（如谷物、干果、菇类、蔬菜汁等）而成。这种酸奶在西方国家非常流行，人们常在早餐中食用。

3. 按发酵的加工工艺分类

（1）浓缩酸乳。它是将正常酸乳中的部分乳清除去而得到的浓缩产品。因其除去乳清的方式与加工干酪方式类似，有人也叫它酸乳干酪。

（2）冷冻酸奶。它是在酸乳中加入果料、增稠剂或乳化剂，然后将其进行冷冻处理而得到的产品。

（3）充气酸乳。发酵后在酸乳中加入稳定剂和起泡剂（通常是碳酸盐），经过均质处理即得这类产品。这类产品通常是以充二氧化碳气的酸乳饮料形式存在。

（4）酸乳粉。通常使用冷冻干燥法或喷雾干燥法将酸乳中约95%的水分除去而制成酸乳粉。制造酸乳粉时，在酸乳中加入淀粉或其他水解胶体后再进行干燥处理而成。

三、发酵剂

发酵剂是一种能够促进乳的酸化过程，含有高浓度乳酸菌的特定微生物培养物。

1. 发酵剂的分类

（1）按发酵剂制备过程分类：①乳酸菌纯培养物。即一级菌种的培养，一般多接种在脱脂乳、乳清、肉汁或其他培养基中，或者用冷冻升华法制成一种冻干菌苗。②母发酵剂。即一级菌种的扩大再培养，它是生产发酵剂的基础。③中间发酵剂。它是母发酵剂的扩大培养物。④生产发酵剂。生产发酵剂即母发酵剂的扩大培养，是用于实际生产的发酵剂。

（2）按使用发酵剂的目的分类：①混合发酵剂。这一类型的发酵剂含有两种或两种以上的菌，如保加利亚乳杆菌和嗜热链球菌按1∶1或1∶2比例混合的酸乳发酵剂，且两种菌比例的改变越小越好。②单一发酵剂。这一类型发酵剂只含有一种菌。

2. 发酵剂的主要作用及菌种的选择

发酵剂的主要作用：①分解乳糖产生乳酸；②产生挥发性的物质，如丁二酮、乙醛等，从而使酸乳具有典型的风味；③具有一定的降解脂肪、蛋白质的作用，从而使酸乳更利于消化吸收；④酸化过程抑制了致病菌的生长。

3. 发酵剂的质量要求

乳酸菌发酵剂的质量，应符合下列各项指标要求：①凝块应有适当的硬度，均匀而细滑，富有弹性，组织状态均匀一致，表面光滑，无龟裂、无皱纹，未产生气泡及乳清分离等现象。②具有优良的风味，不得有腐败味、苦味、饲料味和酵母味等异味。③若将凝块完全粉碎后，质地均匀，细腻滑润，略带黏性，不含块状物。④按规定方法接种后，在规定时间内产生凝固，无延长凝固的现象。测定活力（酸度）时符合规定指标要求。

为了不影响生产，发酵剂要提前制备，可在低温条件下短时间贮藏。

四、酸乳的生产

酸乳的生产工艺流程如图6-2所示。

乳酸菌纯培养物→母发酵剂→生产发酵剂
↓
原料乳预处理→标准化→配料→均质→杀菌→冷却→加发酵剂

灌装在零售容器内→在发酵室发酵→冷却→后熟→凝固型酸奶

在发酵罐中发酵→冷却→添加果料→搅拌→灌装→后熟→搅拌型酸奶

图6-2　酸乳的生产工艺流程

（一）原辅料要求及预处理方法

1. 原料乳的质量要求

生产酸乳的原料乳必须是高质量的，要求酸度在18°T以下，杂菌数不高于50万CFU/mL，总干物质含量不得低于11.5%。不得使用病畜乳如乳房炎乳和残留抗菌素、杀菌剂、防腐剂的牛乳。

原料奶质量基本要求如下：①蛋白质含量为2.9%；②脂肪含量为3.1%；③非脂乳固体含量为8.1%；④细菌总数为500 000；⑤pH值为6.7；⑥75°酒精实验为阴性；⑦抗生素检验呈阴性。

菌种质量要求：发酵剂菌种比例适合，菌体活力产酸力良好，确保菌种无杂菌污染。

2. 辅料

（1）脱脂乳粉（全脂奶粉）。用作发酵乳的脱脂乳粉质量必须高，无抗生素、防腐剂。脱脂奶粉可提高干物质含量，改善产品组织状态，促进乳酸菌产酸，一般添加量为1%～1.5%。

（2）稳定剂。在搅拌型酸乳生产中，通常添加稳定剂，稳定剂一般有明胶、果胶、琼脂、变性淀粉、CMC及复合型稳定剂，其添加量应控制在0.1%～0.5%左右。凝固型也有添加稳定剂的。

（3）糖及果料。一般用蔗糖或葡萄糖作为甜味剂，其添加量可根据各地口味不同有所差异，一般以6.5%～8%为宜。果料的种类很多，如果酱，其含糖量一般在50%左右。果肉主要是粒度的选择上要注意。果料及调香物质在搅拌型酸乳中使用较多，而在凝固型酸乳中使用较少。

3. 配合料的预处理

（1）均质。原料配合后需进行均质处理。均质处理可使原料充分混匀，有利于提高酸乳的稳定性和稠度，并使酸乳质地细腻，口感良好。均质所采用的压力以20～25 MPa为好。

（2）热处理。热处理的目的是：杀灭原料乳中的杂菌，确保乳酸菌的正常生长和繁殖；钝化原料乳中对发酵菌有抑制作用的天然抑制物；热处理使牛乳中的乳清蛋白变性，以达到改善组织状态，提高黏稠度和防止成品乳清析出的目的。原料奶经过90～95℃（可杀死噬菌体）并保持5分钟的热处理效果最好。

4. 接种

热处理后的乳要马上降温至发酵剂菌种最适生长温度，方有利于接种。

接种量要根据菌种活力、发酵方法、生产时间的安排和混合菌种配比的不同而定。一般生产发酵剂，其产酸活力均在0.7%～1.0%之间，此时接种量应为2%～4%。如果活力低于0.6%时，则不应用于生产。加入的发酵剂应事先在无菌操作条件下搅拌成均匀细腻的状态，不应有大凝块，以免影响成品质量。

制作酸乳常用的发酵剂为嗜热链球菌和保加利亚乳杆菌的混合菌种，降低杆菌的比例则酸奶在保质期限内产酸平缓，可防止酸化过度。如生产短保质期普通酸奶，发酵剂中球菌和杆菌的比例应调整为1:1或2:1；生产保质期为14～21天的普通酸奶时，球菌和杆菌的比例应调整为5:1；对于制作果料酸奶而言，两种菌的比例可以调整到10:1，此时保加利亚乳杆菌的产香性能并不重要，这类酸奶的香味主要来自添加的水果。

（二）凝固型酸乳的加工及质量控制

1. 工艺要求

（1）灌装。可根据市场需要选择玻璃瓶或塑料杯。在装瓶前需对玻璃瓶进行蒸汽灭菌。一次性塑料杯可直接使用（视其情况而定）。

（2）发酵。用保加利亚乳杆菌与嗜热链球菌的混合发酵剂时，温度保持在41～42℃，培养时间为2.5～4.0小时（2%～4%的接种量）。达到凝固状态时即可终止发酵。一般发酵终点可依据如下条件来判断：①滴定酸度达到80°T以上；②pH值低于4.6；③表面有少量水痕；④倾斜酸奶瓶或杯时，奶为黏稠状。

发酵应注意避免震动，否则会影响组织状态；发酵温度应恒定，避免忽高忽低；发酵室内温度应均衡；掌握好发酵时间，防止酸度不够或过度以及乳清析出。

（3）冷却。发酵好的凝固酸乳，应立即移入0～4℃的冷库中，迅速抑制乳酸菌的生长，以免继续发酵而造成酸度升高。在冷藏期间，酸度仍会有所上升，同时风味成分双乙酰含量会增加。试验表明冷却24小时，双乙酰含量达到最高，超过24小时又会减少。因此。发酵凝固后须在0～4℃贮藏24小时再出售，通常把该贮藏过程称为后成熟，一般最大冷藏期为7～14天。

第三节　乳　　粉

一、概述

（一）乳粉的概念

用冷冻或加热的方法，除去乳中几乎全部的水分，干燥后而成的粉末，通常称为乳粉。其目的是为保存鲜乳的本质及营养成分，增加保存性，减轻体积和重量，便于运输。

乳粉起源于13世纪，在马可波罗的游记中曾记载成吉思汗的军队中将乳粉作为军粮携带。但乳粉的研究开始于19世纪，法国人阿波特于1810年将牛乳用干燥空气流浓缩并干燥，但未能商品化。直到1855年英国人哥利姆威特西发明饼状乳粉干燥法，并获得英国专利。1872年坡希和1899年伊肯博分别获得喷雾法和滚筒法的第一个专利。20世纪由于机械工业的发展，乳粉质量逐步提高。尤其是第一次世界大战后，乳粉生产获得了迅速发展，品种也越来越多。

（二）乳粉的种类和组成

根据所用原料、原料处理及加工方法不同，可分为以下种类：

（1）全脂乳粉。它是以鲜乳直接加工而成。

（2）脱脂乳粉。它是将鲜乳中的脂肪分离除去后用脱脂乳干燥而成。此部分又可以根据脂肪脱除程度分为无脂、低脂及中脂乳粉等。

（3）加糖乳粉。它是在乳原料中添加一定比例的蔗糖或乳糖后干燥加工而成。

（4）配制乳粉。它是在鲜乳原料中或乳粉中配以各种人体需要的营养素加工而成。

（5）速溶乳粉。它是在乳粉干燥工序上调整工艺参数或用特殊干燥法加工而成。

（6）乳油粉。它是在鲜乳中添加一定比例的稀奶油或在稀奶油中添加部分鲜乳后加工而成。

（7）酪乳粉。它是利用制造奶油时的副产品酪乳制造的乳粉。

（8）乳清粉。它是利用制造干酪或干酪素的副产品乳清制造而成的乳粉。

（9）麦精乳粉。它是在鲜乳中添加麦芽、可可、蛋类、饴糖、乳制品等经干燥而成。

（10）冰淇淋粉。它是在鲜乳中配以适量香料、蔗糖、稳定剂及部分脂肪等经干燥加工而成。

（三）乳粉的生产方法

乳粉的生产方法分为：冷冻法与加热法两类。用冷冻法制造乳粉，因温度很低，牛乳中的全部营养成分都能全部保留；同时也可以避免加热时对产品色泽和风味等的影响，其溶解度极高。所以这里主要介绍冷冻法。

冷冻法制造乳粉又可分为离心冷冻法和升华法两种。

离心冷冻法：即采用离心法，先将牛乳在冰点以下浇盘冻结，并经常搅拌使之形成薄片或碎片，冻成像雪花一样后放入高速离心机中，将乳固体呈胶状分出，在真空下加微热，使之干燥成粉。

升华法：将牛乳置于高度真空下（绝对压力为67Pa），使水分蒸发并冷却至共晶点，然后在此压力太加微热，使乳中的冰屑升华，最后乳中固体物质即成粉末。

二、乳粉的生产工艺

（一）乳粉的生产工艺流程

乳粉的生产工艺流程如图6－3所示。

化糖→糖浆
↓
乳的收购与验收→乳的预处理与标准化→杀菌与均质→浓缩→
喷雾干燥→出粉→冷却→筛粉→晾粉→检验→包装→成品

图6－3　乳粉的生产工艺流程

（二）生产操作方法

1. 原料乳

原料乳进入工厂，应立即进行检验。生产乳粉的原料乳应符合国家标准规定的各项要求。目前，大多数乳粉厂主要检验酸度和乳中的外来物质，同时检验脂肪含量、比重和乳的湿度。国外有的工厂为了迅速检验掺杂物，多半采用冰点法检验原料。

2. 原料乳的标准化和预处理

本工序的主要目的，在于通过离心净乳机把乳中不能以过滤方法除去的细小污物分离出去，同时调整脂肪含量，使成品（全脂乳粉）具有25%～30%的脂肪。工厂一般把成品的脂肪控制在26%左右。

3. 杀菌

杀菌的目的是：通过杀菌可消除或抑制细菌的繁殖及解脂酶和过氧化物酶的活性。杀菌的方法是温度调至80℃，杀菌15秒。

4. 均质

均质的目的：破碎脂肪球，使其分散在乳中，形成均匀的乳浊液。经均质原料乳制成的乳粉，冲调后复原性更好。

均质前，将原料乳预热到60～65℃，均质效果更佳。

5. 加糖

在生产加糖或其他配方乳粉时，需要向配料中加糖，加糖方法可以选用：①预热则加糖；②包装前添加蔗糖细粉；③将灭菌糖浆加入浓奶中；④预热时和包装前各加一部分糖粉。

6. 浓缩

与炼乳生产相同，采用真空浓缩。奶粉生产采用真空浓缩除具有重大经济价值外，对奶粉的质量也有重要影响。

（1）原料乳在干燥之前，先经真空浓缩除去乳中70%～80%的水分，可节省加热蒸汽和动力消耗，相应的提高了干燥设备的能力，降低成本。

（2）真空浓缩对奶粉颗粒的物理性状有显著影响。乳经浓缩后，喷雾干燥时，粉粒较粗大，具有良好的分散性和冲调性，能迅速复水溶解。反之，如原料乳不经浓缩直接喷雾干燥，粉粒轻细，降低了冲调性，而且粉粒的色泽灰白，感官质量差。

（3）真空浓缩可以改善乳粉的保藏性。由于真空浓缩排除了乳中的空气和氧气，使粉粒内的气泡大为减少，从而降低了奶粉中脂肪氧化的作用，增加了奶粉的保藏性。经验证明，奶的浓度越高，奶粉中的气体含量越低，

（4）经浓缩后喷雾干燥的奶粉，颗粒较致密、坚实，密度较大，利于包装。

7. 干燥

乳粉生产中可以用滚筒干燥和喷雾干燥。

为了提高喷雾干燥的热效率，近年来开始采用二段干燥或三段干燥。

所谓二段干燥，又称为二次干燥，即降低排风温度，提高乳粉离开干燥塔时的水分含量，再在二次干燥流化床中干燥达到所要求的水分含量。对于全脂奶粉进入二次干燥流化床的含水量可以达到6%～7%，含糖15%左右的全脂甜奶粉，则含水量可以达到4%～5%。

所谓三段干燥，就是在喷雾干燥塔底部，设置固定沸腾床，含水分较高的奶粉在固定床中沸腾干燥，然后排出塔外，进入振动流化床进一步干燥和冷却。

8. 冷却与贮存

在不设置二次干燥的设备中，乳粉从干燥塔出来，放入粉箱中冷却过夜，过筛后即可包装。这时可以采用20～30目的振动筛筛粉。

9. 包装

国内销售的乳粉分为密封包装和非密封包装。前者适于长期保存，一般采用马口铁罐，如果罐内充入氮气，保存期可长达两年以上。国内大量使用的是塑料袋包装，因为产品销售周期较

短，塑料袋包装乳粉的贮存期法律规定是3个月，如果奶粉袋未受损伤，无泄漏现象，乳粉质量可保持半年以上。

三、乳粉的缺陷及其防止方法

乳粉应具有鲜乳所具有的优良风味，但在保存中往往容易产生酸败味和氧化味，因而使乳粉的风味变坏。除此之外，由于水分及其他因素的变化，能使乳粉产生各种缺陷。现将乳粉的主要缺陷介绍如下：

（1）脂肪分解味（酸败味）。脂肪分解味是一种类似醋酸的酸性刺激味。

（2）氧化味（哈喇味）。乳制品产生氧化味的主要因素为：空气、光线、重金属（特别是铜）、酶（主要是过氧化物酶）和乳粉中的水分及游离脂肪等。

（3）棕色化及陈腐味。乳粉在保存过程中容易引起棕色化，同时发生一种陈腐的气味。这主要与乳粉中水分的含量和保存温度有关。如果水分含量在5%以上，在室温下保藏时会产生棕色化。

（4）吸潮。乳粉吸湿性很强，放置于空气中，很容易吸收空气中的水分。

（5）因细菌而引起的变质。乳粉开罐后，如放置日期过久，则逐渐吸收水分，当水分超过5%以上时，细菌开始繁殖而使乳粉变质，所以乳粉开罐后不应放置过久。

第四节　冰淇淋的生产

一、概述

冰淇淋是以稀奶油为主要原料，其中加牛乳、水、砂糖、香料及稳定剂等冻结而成。由于其中所含成分系以乳脂肪为主体的牛乳成分，所以营养价值很高，且易于消化，因此不仅是夏季人们的嗜好饮料，同时也是一种营养食品。

冰淇淋的种类很多，加之原料的配合更是多式多样，因此化学组成也不一致。国际乳业协会（IDF）所提出的成分规格，如表6-1所示。

表6-1　国际乳业协会的冰淇淋规格（1967）

种类	乳脂肪	总干物质	备注
普通冰淇淋	8%以上	32%以上	
果汁冰淇淋	6%以上	30%以上	果实或果肉15%以上
蛋黄冰淇淋	8%以上	32%以上	液体蛋黄7%以上或等量的干燥蛋黄

二、冰淇淋生产工艺

生产冰淇淋的主要工艺流程如下：原料的配合与标准化→原料的混合→混合料的杀菌→混合料的均质→陈化（成熟）→冻结→塑性、挤出和装模→硬化和冷藏→包装。

（一）原料的配合与标准化

将各种冰淇淋的原料（牛乳及乳制品）、糖、稳定剂、明胶、淀粉、鸡蛋、香料及色素，以适当的比例加以混合，即称为冰淇淋的混合料，简称混合料，将这种混合料进行加工处理后即为冰淇淋。

冰淇淋的种类繁多，原料的选择也不同，标准组成大致在下列范围内：①脂肪8%～14%；②明胶0.3%～05%；③无脂干物质8%～12%；④总干物质32%～38%（乳品部分）；⑤蔗糖13%～15%。

（二）原料的混合

各种原料的配合比例决定后，即可进行混合，混合时最好用带有搅拌器的夹层锅，混合方法为：①先将水、牛乳、脱脂乳、稀奶油等液体原料倒入夹层锅中。②接着将蔗糖倒入，进行搅拌，使其溶解。③将明胶先用 10 倍左右的水或牛乳浸渍 20 分钟，充分吸水后加热至 60 ～ 70℃使其溶解，然后将其倒入开始杀菌的混合料中（当温度升到 45℃时加入）。④使用淀粉时，先用少量的水或牛乳调匀，再加适量的水或牛乳加热，使成糊状，然后加入混合料中。⑤使用乳粉时，先用少量的水或牛乳充分溶解，再加入混合料中。⑥使用鸡蛋时，可与少量的牛乳或脱脂乳搅拌混合，同时加入蔗糖使其溶解，然后将剩余的混合料加入；或者先将蛋白与蛋黄分开，蛋黄与少量牛乳混合后加入蔗糖，充分搅拌混合均匀，然后将充分起泡的蛋白加入，最后再将剩余的混合料加入，充分混合。使用鸡蛋时，杀菌温度需慢慢上升，最好采用 80℃、15 秒的杀菌制度。如温度上升过急，处理时间过久，易使蛋白凝成絮状。⑦香料需在陈化过程结束后进行冻结时加入。⑧使用果汁时，需在冻结操作中途加入，否则果汁中的有机酸易使酪蛋白凝固而使组织不良。

（三）混合料的杀菌

杀菌的目的不仅可以杀灭有害微生物，并可使制品组织均匀，气味划一。混合料的杀菌通常多采用 62 ～ 65℃、30 分钟的低温杀菌制度，此外如前所述，当使用鸡蛋时也采用 80℃、15 秒的杀菌制度。杀菌时应将各种原料进行搅拌，充分混合。

（四）混合料的均质

混合原料经低温杀菌后，应迅速通过均质机进行均质。关于均质的理论、温度以及效果等前面已行论述，不再重复。冰淇淋混合料进行均质时，温度为 60 ～ 63℃、压力以 140 ～ 210kg/cm^2 最适宜。混合料经均质后，黏度增加，因此冻结搅拌时容易混入气泡使容积增大，也就是使膨胀率增加，组织滑润，并能防止脂肪的分离，此外脂肪的消化率也比较好，同时成品的稳定性增加，不易融化且组织形态更佳。

（五）陈化（成熟）

均质后的混合料，立即通过冷却器冷却至2～4℃，并在此温度下保持4～24小时（普通为12～24小时）。这一操作即称陈化。混合料的冷却，通常可用表面冷却器，或者置于冷却槽中，在内部冷却管不断回转的情况下进行冷却。混合料冷却后，也可以立即进行冻结，但如经过陈化（老化），则黏稠度增加，因此使成品的膨胀率、组织状态及稳定性远较未经陈化者为佳。陈化与混合料中的脂肪、明胶和蛋白质的形态与转化有密切关系，因为这些成分经冷却后，黏稠度都增大，所以使混合料的黏稠度也增大；又因脂肪经冷却后，转变为固体也是其中的一个原因。

（六）冻结

陈化操作结束后，将混合料置于冻结器（内部备有搅拌器，周围充以冷盐水或装有冰与食盐的混合物）内进行冻结。制造冰淇淋时的所谓冻结并非完全冻结，只是成半冻结状态，因此当搅拌器激烈搅拌时，混合料中即混入适当的空气，而使容积增加1倍左右，如果完全冻结则成冰棒状，不能成为冰淇淋。

（七）塑性、挤出和装模

（1）杯装、蛋卷装和容器填装。冰淇淋可在一个旋转或连续填装机上包装于杯中、蛋卷或容器中。容器中填入不同风味的冰淇淋，也可以填入坚果、果料和巧克力装饰冰淇淋。离开机器之前包装被加盖，随后通过冷冻隧道，在其中最终冷冻到-20℃进行硬化，在进行硬化之前或之后产品可手工或自动包装于各类包装或包裹。塑料桶或纸包装也可以从固定罐手工取料进行单味或双味产品填装。

（2）雪糕的装模。冰淇淋或雪糕是在被称为花色冰淇淋机的特殊凝冻机上制成，冰淇淋以大约-3℃的温度离开凝冻机后直接注入模具，注满的模具一步步走转经过温度为 -40℃的盐水溶液，在其中冰淇淋和雪糕溶液被冷冻。

（八）硬化和冷藏

所谓硬化，即将冻结状态的冰淇淋再加以迅速冷冻，使成品保持一定的硬度。硬化操作适当与否对冰淇淋的品质、膨胀率都有很大的影响。迅速硬化时，冰的结晶体细小，组织润滑且均匀一致；如果硬化迟缓，则一部分混合料开始融化，此时再行硬化则生成大的冰块，品质低劣，故硬化需迅速进行。

（九）包装

杯子、容器等被捆扎或包装后进入纸箱。雪糕机生产的蛋卷和雪糕这类需手工包装的产品在进入纸箱之前，需经单道或多道包装机先打包。冰淇淋生产线的包装段设计取决于产品的类型和产量，多种手工或机械化的操作都可供选用。

三、冰淇淋的主要缺陷及产生原因

冰淇淋的组织状态是固相、气相、液相的复杂结构，在液相中有直径150微米左右的气泡和大约50微米大小的冰结晶，此外还分散有2微米以下的脂肪球、乳糖结晶、蛋白质颗粒以及不溶解的盐类等。由于稳定剂和乳化剂的存在，使分散状态均匀细腻，具有良好的适口性，并改善了成品的保型性和溶解性。但如果原料配合不适当，均质、冻结等处理不合理，往往可能产生很多缺陷使产品质量低劣。

表6-2为冰淇淋的主要缺陷。

表6－2　冰淇淋的主要缺陷

种类	缺陷内容	产生原因
风味	脂肪分解味、饲料味、加热味、不洁味、金属味、苦味、酸味等，甜味与香料超过或不足	使用不良牛乳、乳制品和不良混合原料，杀菌不完全，吸收异味，添加不适当甜味剂与香料
组织状态	砂状组织 轻或蓬松的组织 粗或冰状组织 奶油状组织	SNF过高，高温保藏，乳糖结晶大，膨胀率过大 缓慢冻结，贮藏中变温，气泡大、生成脂肪块，乳化剂不合适，均质不良等
质地	脆弱 水样 软弱	稳定剂、乳化剂不足，气泡粗大，膨胀率低，砂糖高、稳定剂和乳化剂不稳定，脂肪凝集不完全，总固型分不足
破解状态	起泡，乳清分离，凝固，布丁状，黏质状	原料配合不当，蛋白质与矿物质不溶，温度过高，均质不完全，膨胀率调整不当
其他	干燥 变色 微生物污染 混入异物	水分蒸发，冷冻保藏不适当等 咖啡冰淇淋中的铁与单宁反应等 原料混合杀菌不完全，卫生管理不足等 原料配合和各过程管理不当

第七章 畜禽肉制品加工

第一节 腌腊制品加工

所谓“腌腊”，是指家禽肉类经过加盐（或盐卤）和香料进行腌制，经过一个寒冬腊月，在较低的气温下自然风干，形成独特腌腊风味而成；目前已失去其时间的含义。腌腊肉制品的特点是：肉质细致紧密，色泽红白分明，滋味咸鲜可口，风味独特，便于携带和储藏。

腌腊制品是将鲜肉用盐和硝经过一定时间的腌渍和修整而制成的一种肉制品，如火腿、腌肉。也有将腌制后的半成品再经过熏腊过程的，如熏腿、腊肉。近年来，随着食品科学的发展，在腌制时常加入食品改良剂如磷酸盐、异维生素 C、柠檬酸以提高肉的保水性，获得较高的成品率。

一、腌制成分及其作用

肉类腌制使用的主要辅料为食盐、硝酸盐（或亚硝酸盐）、糖类、抗坏血酸盐、异抗坏血酸盐和磷酸盐等。

（一）食盐

食盐是肉类腌制最基本的成分，也是唯一必不可少的腌制材料。

食盐的作用：①突出鲜味作用；②防腐作用；③促使硝酸盐、亚硝酸盐、糖向肌肉深层渗透。肉的腌制宜在较低温度下进行，腌制室温度一般保持在 2 ～4℃，腌肉用的食盐、水和容器必须保持卫生状态，严防污染。

（二）糖

在腌制时常用的糖类有：葡萄糖、蔗糖和乳糖。糖类主要作用为：①调味作用。糖和盐有相反的滋味，在一定程度上可缓和腌肉咸味。②助色作用。③增加嫩度。④产生风味物质。⑤在需发酵成熟的肉制品中添加糖，有助于发酵的进行。

（三）硝酸盐和亚硝酸盐

腌肉中使用亚硝酸盐主要有以下几方面的作用：①抑制肉毒梭状芽孢杆菌的生长，并且具有抑制许多其他类型腐败菌生长的作用。②优良的呈色作用。③抗氧化作用，延缓腌肉腐败，这是由于它本身有还原性。④有助于腌肉独特风味的产生，抑制蒸煮味产生。

（四）碱性磷酸盐

肉制品中使用磷酸盐的主要目的是提高肉的保水性，使肉在加工的过程中仍能保持其水分，减少营养成分损失，同时也保持了肉的柔嫩性，增加了出品率。可用于肉制品的磷酸盐有三种：焦磷酸钠、三聚磷酸钠和六偏磷酸钠。

二、肉的腌制方法

肉在腌制时采用的方法主要有四种，即干腌法、湿腌法、混合腌制法和注射腌制法，不同腌腊制品对腌制方法有不同的要求，有的产品采用一种腌制法即可，有的产品则需要采用两种甚至两种以上的腌制法。

（一）干腌法

干淹法操作简单，用食盐或盐硝混合物涂擦肉块，然后堆放在容器中或堆叠成一定高度的肉垛即可。操作和设备简单，在小规模肉制品厂和农村多采用此法。腌制时由于渗透和扩散作用，由肉的内部分泌出一部分水分和可溶性蛋白质与矿物质等形成盐水，逐渐完成其腌制过程，因而腌制需要的时间较长。

干腌的优点是操作简便，不需要多大的场地，蛋白质损失少，水分含量低、耐贮藏；缺点是腌制不均匀，失重大，色泽较差，盐不能重复利用，工人劳动强度大。

（二）湿腌法

湿腌法即盐水腌制法，就是在容器内将肉品浸没在预先配制好的食盐溶液内，并通过扩散和水分转移，让腌制剂渗入肉品内部，并获得比较均匀的分布，直至它的浓度最后和盐液浓度相同的腌制方法。

湿腌法的优点是腌制后肉的盐分均匀，盐水可重复使用，腌制时降低工人的劳动强度，肉质较为柔软；不足之处是蛋白质流失严重，所需腌制时间长，风味不及干腌法，含水量高，不易贮藏。

（三）混合腌制法

混合腌制法是采用干腌法和湿腌法相结合的一种方法。可先进行干腌放入容器中，再放入盐水中腌制或在注射盐水后，用干的硝盐混合物涂擦在肉制品上，放在容器内腌制。这种方法应用最为普遍。

干腌和湿腌相结合可减少营养成分流失，增加贮藏时的稳定性，防止产品过度脱水，咸度适中，不足之处是较为麻烦。

（四）注射腌制法

为加速腌制液渗入肉内部，在用盐水腌制时先用盐水注射，然后再放入盐水中腌制。盐水注射法分动脉注射腌制法和肌肉注射腌制法。

盐水注射法可以降低操作时间，提高生产效益，降低生产成本，但其成品质量不及干腌制品，风味稍差，煮熟后肌肉收缩的程度比较大。

三、腌腊制品的加工

（一）广式腊肉

1. 工艺流程

选料修整→配制调料→腌制→风干、烘烤或熏烤→成品包装

2. 原料辅料

猪肉肋条坯50千克，白砂糖1.5千克，大曲酒0.75千克，上等生抽（酱油）3千克，精盐1千克，硝0.075千克，猪油0.75千克。

3. 操作要点

（1）选料修整。最好采用皮薄肉嫩、肥膘在1.5厘米以上的新鲜猪肋条肉为原料，也可选用其他部位或冰冻的肉。根据品种不同和腌制时间长短，猪肉修割大小也不同，广式腊肉切成长38～50厘米，每条重180～200克的薄肉条；家庭制作的腊肉肉条，大都超过上述标准，而且多是带骨的。肉条切好后，用尖刀在肉条上端3～4厘米处穿一小孔，便于腌制后穿绳吊挂。将肋条胚用温水洗净表面浮油。

（2）配制调料。将配料调成卤汁，盛入缸内，再将肋条胚放入卤汁中腌制，约8小时后捞出，依次挂于竹竿上，再移入烘房烘制。不同品种所用的配料不同，同一种品种在不同季节生产所用配料也有所不同。消费者可根据喜好的口味自行进行配料选择。

（3）腌制。一般采用干腌法、湿腌法和混合腌制法。

（4）风干、烘烤或熏烤。烘制间，须将火盆安置在烘制木架下面地上，再将挂有潮条肉（肋条胚）的竹竿分别挂在木架上，按次挂齐，然后用青炭燃着火盆，进行烘制。

潮条肉经过3小时烘制后，或将每竿潮条肉（按距火力远近）上下交换位置，使潮条肉受火力均匀。但必须注意火力大

小，以免影响质量。

潮条肉经24小时烘制后，再依次上下交换。经三天三夜烘制，即成为烘肉。

潮条肉如不用青炭火烘，在天气晴朗时，可放在日光下曝晒，到晚间收集入室挂好。以后再遇天晴还可利用日光曝晒，晒到水分泄尽有出油现象为止。如曝晒中间遇到天阴下雨，不能等到天晴再晒，应及时进入烘房，用青炭火烘。

（5）贮藏保管。腊肉不宜成堆存放，只能悬挂在架上。存放地点必须有门窗可以开闭，以便空气流通，使腊肉不会变质。如遇天雨或东南风时，腊肉容易回潮，这时需把门窗关闭，以防潮气进入。待到天气晴朗时，再把门窗打开，使空气流通。

（6）成品。烘烤后的肉胚悬挂在空气流通处，散尽热气后即为成品。成品率为70%左右。

（7）包装。现多采用真空包装，250克、500克不同规格包装较多，腊肉烘烤或熏烤后待肉温降至室温即可包装。真空包装腊肉保质期可达6个月以上。

（二）咸肉的加工

1. 工艺流程

原料选择→修整→开刀门→腌制→成品

2. 操作要点

（1）原料选择。鲜猪肉或冻猪肉都可以作为原料，肋条肉、五花肉、腿肉均可，但需肉色好，放血充分，且必须经过卫生检验检疫部门检验检疫合格，若为新鲜肉，必须摊开凉透；若是冻肉，必须解冻微软后再行分割处理。

（2）修整。先削去血脖部位污血，再割除血管、淋巴、碎油及横膈膜等。

（3）开刀门。为了加速腌制，可在肉上割出刀口，俗称“开刀门”。刀口的大小深浅和多少取决于腌制时的气温和肌肉的厚薄。

（4）腌制。在3～4℃条件下腌制。温度高，腌制过程快，但易发生腐败；温度低，腌制慢，风味好。干腌时，用盐量为肉重的14%～20%，硝石为肉重的0.05%～0.75%，以盐、硝混合涂抹于肉表面，肉厚处多擦些，擦好盐的肉块堆垛腌制。第一层皮面朝下，每层间再撒一层盐，依次压实，最上一层皮面向上，于表面多撒些盐，每隔5～6天，上下互相调换一次，同时补撒食盐，经25～30天即成。若用湿腌法腌制时，用开水配成22%～35%的食盐液，再加0.7%～1.2%的硝石、2%～7%食糖（也可不加）。将肉成排地堆放在缸或木桶内，加入配好冷却的澄清盐液，以浸没肉块为度。盐液重为肉重的30%～40%，肉面压以木板或石块，每隔4～5天上下层翻转一次，15～20天即成。

（三）中式火腿的加工

1. 工艺流程

鲜猪肉后腿→修整腿坯→上盐→腌制6～7次→洗腿2次→晒腿→整形→发酵→修整→堆码→成品。

2. 操作要点

（1）鲜腿的选择。选择金华“两头乌”猪的鲜后腿，皮薄爪细，腿心饱满，瘦肉多、肥膘少，腿胚重5～5.7千克，平均6.25千克左右的鲜腿最为适宜。

（2）修整腿坯。修整前，先用刮刀刮去皮面上的残毛和污物，皮面光滑整洁。然后用削骨刀削平耻骨，修整坐骨，除去尾椎，斩去脊骨，使肌肉外露，再把过多的脂肪和附在肌肉上的浮油割去，将腿边修成弧形，腿面平整。再用手挤出大动脉内的淤血，最后使猪腿成为整齐的柳叶形。

（3）腌制。金华火腿腌制采用干腌堆叠法，用食盐和硝石进行腌制，腌制时需擦盐和倒堆6～7次，总用盐量占腿重的9%～10%，约需30天。根据不同气温，适当控制加盐次数、腌制时间、翻码次数，是加工金华火腿的技术关键。腌制火腿的最佳温度在 0 ～ 10℃。（在腌制过程中，至少经过 5 次以上的上盐，可以总结口诀为：头盐上滚盐，大盐雪花盐，三盐靠骨头，四盐守签头，五盐六盐保签头。）

（4）洗腿。鲜腿腌制后，腿面上的油腻污物及盐渣，须经过清洗，以保持腿的清洁，有助于火腿色、香、味的醇化，也能使肉表面盐分散失一部分，使咸淡适中。

洗腿前先用冷水浸泡，浸泡的时间应根据腿的大小和咸淡来决定，一般需浸 2 小时左右。浸腿时，肉面向下，全部浸没，不要露出水面。洗腿时按脚爪、爪缝、爪底、皮面、肉面和腿尖下面顺序，顺肌纤维方向依次洗刷干净，不要使瘦肉翘起，然后刮去皮上的残毛，再浸漂在水中，进行洗刷，最后用绳吊起送往晒场挂晒。

（5）晒腿。将腿挂在晒架上，用刀刮去剩余细毛和污物，约经 4 小时，待肉面无水微干后打印商标，再经 3 ～ 4 小时至腿皮微干肉面尚软时开始整形。

（6）整形。所谓整形就是在晾晒过程中将火腿逐渐校成一定形状。整形要求做到小腿伸直，腿爪弯曲，皮面压平，腿心饱满和外形美观，而且使肌肉经排压后更加紧缩，有利于贮藏发酵。整形晾晒适宜的火腿，腿形固定，皮呈黄色或淡黄，皮下脂肪洁白，肉面呈紫红色，腿面平整，肌肉坚实，表面不见油迹。

（7）发酵。火腿经腌制、洗晒和整形等工序后，在外形、质地、气味、颜色等方面尚没有达到应有的要求，特别是没有产生火腿特有的风味，与腊肉相似。因此必须经过发酵过程，一方面使水分继续蒸发，另一方面使肌肉中蛋白质、脂肪等发酵分解，使肉色、肉味、香气更好。将腌制好的鲜腿晾挂于宽敞通风、地势高而干燥库房的木架上，彼此相距 5 ～ 7 厘米，继续进行 2 ～ 3 个月发酵鲜化，待肉面上逐渐长出绿、白、黑、黄色霉菌（或腿的正常菌群）时发酵基本完成，火腿逐渐产生香味和鲜味。因此，发酵好坏和火腿质量有密切关系。

（8）修整。火腿发酵后，水分蒸发，腿身逐渐干燥，腿骨外露，须再次修整，即发酵期修整。一般是按腿上挂的先后批次，在清明节前后即可逐批刷去腿上发酵霉菌，进入修整工序。修整工序包括：修平趾骨、修正股骨、修平坐骨，并从腿脚向上割去腿皮，达到腿形正直、两旁对称均匀，腿身呈竹叶形。

（9）堆码。经发酵整形后的火腿，视干燥程度分批落架。按腿的大小，使其肉面朝上，皮面朝下，层层堆叠于腿床上。堆高不超过 15 层，每隔 10 天左右反倒 1 次，结合翻倒将流出的油脂涂于肉面，使肉面保持油润光泽而不显干燥。

第二节　酱卤制品加工

酱卤制品是我国传统的一类肉制品，其主要特点是成品都是熟的，可以直接食用，产品酥润，有的带有卤汁，不易包装和贮藏，适于就地生产，就地供应。

酱卤制品突出调味与香辛料以及肉的本身香气，食之肥而不腻，瘦不塞牙。酱卤制品随地区不同，在风味上有甜、咸之别。北方式的酱卤制品咸味重，如符离集烧鸡；南方制品则味甜、咸味轻，如苏州酱汁肉。由于季节不同，制品风味也不同，夏天味重，冬天味轻。

一、调味与煮制

（一）调味

调味就是根据消费者的口味和生产的品种不同，加工时配以不同种类、数量的调料（包括香辛料和调味料），使制品产生不同的口味。通过调味，能生产出适合不同消费者口味的产品。

通过调味还可以去除和矫正原料肉中的某些不良气味，起调香、助味、增色等作用，以改善制品的色、香、味、形；同时，通过调味能生产出不同品种花色的制品。如根据选用调料的种类及数量不同，酱卤制品通常又可分为：白烧制品、糟制品、酱制品等。

根据加入调料的作用和时间大致分为基本调味、定性调味和辅助调味三种。

（1）基本调味。在原料整理后未加热前，用盐、酱油或其他辅料进行腌制，奠定产品的咸味叫基本调味。

（2）定性调味。原料下锅加热时，随同加入的辅料如酱油、酒、香辛料等，决定产品的风味叫定性调味。

（3）辅助调味。原料加热煮熟后或即将出锅时加入糖、味精等以增进产品的色泽、鲜味，称辅助调味。

（二）煮制

煮制是对原料肉进行的热加工过程，可改变肉的感官性状，提高肉的风味和嫩度，达到熟制的作用。加热的方式有水加热、蒸汽加热、油加热等，通常多采用水加热煮制。煮制方法包括清煮和红烧。清煮又称预煮、白煮、白锅等，其方法是将整理后的原料肉投入沸水中，不加任何调料，用较多的清水进行煮制。清煮的目的主要是去掉肉中的血水和肉本身的腥味或气味。红烧又称红锅，其方法是将清煮后的肉放入加有各种调味料、香辛料的汤汁中进行烧煮，是酱卤制品加工的关键性工序。红烧的目的不仅可使制品加热至熟，更重要的是使产品的色、香、味及产品的化学成分有较大的改变。

二、酱卤制品加工工艺

（一）广州卤猪肉

1．工艺流程

原料选择与整理→预煮→配卤汁→卤制→成品。

2. 原料辅料

猪肉500克，食盐1 200克，生抽酱油2 200克，白糖1 200克，陈皮400克，甘草400克，桂皮250克，花椒250克，八角250克，丁香25克，草果250克。

3. 操作要点

（1）原料选择与整理。选用经卫生检验检疫部门检验检疫合格的猪肋部或前后腿或头部带皮鲜肉，但肥膘不超过2厘米。先将皮面修整干净并剔除骨头，后将肉切成0.7～0.8千克的长方块。

（2）预煮。把整理好的肉块投入沸水锅内焯15分钟左右，撇净血污，捞出锅后用清水洗干净。

（3）配制卤汁。将香辛料用纱布包好放入锅内，加清水25千克，小火煮沸1小时即配成卤汁。卤汁可反复使用，再次使用需加适量配料，卤汁越陈，制品的香味愈佳。

（4）卤制。把经过焯水的肉块放入装有香料袋的卤汁中卤制，旺火烧开后改用中火煮制40～60分钟。煮制过程中需翻锅2～3次，翻锅时需用小铁叉叉住瘦肉部位，以保持皮面整洁，不出油，趁热出锅晾凉即为成品。

4. 质量标准

成品的皮为金黄色，瘦肉呈棕色，食之咸淡适宜，五香味浓郁，皮糯肉烂，肥而不腻，出品率为65%～70%。

（二）白斩鸡

1. 工艺流程

原料选择→宰杀、整形→煮制→成品。

2. 原料辅料

鸡10只，原汁酱油400克，鲜沙姜100克，葱头150克，味精20克，香菜、麻油适量。

3. 操作要点

(1) 原料选择。选用临开产的本地良种母鸡或公鸡阉割后经育肥的健康鸡，体重1.3～2.5千克为好。

(2) 宰杀、整形。采用切断三管法放净血，用65℃热水烫毛，拔去大小羽毛，洗净全身。在腹部距肛门2厘米处，剖开5～6厘米的横切口，用水洗干净体腔内的淤血和残物，把鸡的两脚爪交叉插入腹腔内，两翅翘起弯曲在背上，鸡头向后搭在背上。

(3) 煮制。将清水煮至60℃，放入整好形的鸡体（水需淹没鸡体），煮沸后，改用微火煮7～12分钟。煮制时翻动鸡体数次，将腹内积水倒出，以防不熟。把鸡捞出后浸入冷开水中冷却几分钟，使鸡皮骤然收缩，即可皮脆肉嫩，最后在鸡皮上涂抹少量香油即为成品。

食用时，将辅料混合配成佐料，蘸着吃。

4. 质量标准

成品皮呈金黄，肉似白玉，骨中带红，皮脆肉滑，细嫩鲜美，肥而不腻。

(三) 广式扣肉

1. 工艺流程

原料选择与整理→预煮→戳皮→上色、油炸→切片、蒸煮→成品。

2. 原料辅料

猪肋条肉50千克，食盐0.6千克，白糖1千克，白酒1.5千克，酱油2.5千克，味精0.3千克，八角粉、花椒粉各0.1千克，南乳1.5千克，水4千克。

3. 操作要点

(1) 原料选择与整理。选用经卫生检验检疫部门检验检疫合格的带皮去骨猪肋条肉为原料。修净残毛、淤血、碎骨等，然后切成10厘米宽的方块肉。

（2）预煮。将修整好的猪肋条肉放入锅内煮制，上、下翻动数次，煮沸20～30分钟即可捞出。

（3）戳皮。取出预煮的熟肉，用细尖竹签均匀地戳皮，但不要戳烂皮。戳皮的目的是使猪皮在炸制时易起泡，成品的扣肉皮脆。

（4）上色、油炸。在皮面上涂擦少许食盐和稀糖（由1份麦芽糖和3份食醋配成），放入油温维持在100～120℃的油锅中炸制30～40分钟，当皮炸起小泡时，把油温提高至180～220℃再炸2～3分钟，直到皮面起许多大泡并呈金黄色时捞出。为防皮炸焦，油锅底放一层铁网。锅内油不需过多，因主要炸皮面，否则因油炸时间长，影响成品率。

（5）切片、蒸煮。将油炸后的大肉块，切成1厘米厚的肉片，与辅料拌匀，然后把肉片整齐排在碗内，皮朝下，放在锅内蒸1.5～2小时，上桌时，把肉倒扣到盘子里，即为成品。

4. 质量标准

广式扣肉色泽为金黄色，皮泡肉烂，肉片成形，香味浓郁，肥而不腻。

第三节　熏烤制品加工

熏制是利用燃料没有完全燃烧的烟气对肉品进行烟熏，温度一般控制在30～60℃，借助烟熏来改变产品口味和提高品质的一种加工方法。

一、烟熏的目的

烟熏目的：赋予制品特殊的烟熏风味，增进香味；使制品外观具有特有的烟熏色，对加硝肉制品促进发色作用；脱水干燥，杀菌消毒，防止腐败变质，使肉制品耐储藏；烟气成分渗入肉内部，防止脂肪氧化。

（1）呈味作用。烟气中的许多有机化合物附着在制品上，赋予制品特有的烟熏香味。如有机酸（蚁酸和醋酸）、酪、醇、酯、酚类等，特别是酚类中的愈创木酚和4－甲基愈创木酚。

（2）发色作用。熏烟成分中的羰基化合物可以和肉蛋白质或其他含氮物中的游离氨基发生美拉德反应；熏烟加热促进硝酸盐还原菌增殖及蛋白质的热变性，游离出半胱氨酸，从而促进一氧化氮血素原形成稳定的颜色；另外，通过熏烟受热而导致脂肪外渗起到润色作用。

（3）杀菌作用。熏烟中的有机酸、醛和酚类具有抑菌和防腐作用。熏烟的杀菌作用较为明显的是在表层，经熏制后产品表面的微生物可减少1/10，大肠杆菌、变形杆菌、葡萄球菌对熏烟最敏感，3小时即死亡。而霉菌及细菌芽孢对熏烟的作用较稳定。烟熏灭菌主要在表面，对肉作用很小，再加上烟熏时要加热可能会促进深层微生物的繁殖，所以由烟熏产生的杀菌防腐作用是有限度的。

（4）抗氧化作用。烟中许多成分具有抗氧化作用，有人曾用煮制的鱼油试验，通过烟熏与未经烟熏的产品在夏季高温下放置12天测定它们的过氧化值，结果经烟熏的为2.5mg/kg，而非经烟熏的为5mg/kg。烟熏中抗氧化最强的是酚类，其中以邻苯二酚和邻苯三酚及其衍生物作用尤为显著。

二、烟熏方法

有冷熏法、温熏法（中温法和高温法）、电熏法、液熏法、培熏法。

（一）冷熏法

在低温（15～30℃）下，进行较长时间（4～7天）的熏制。熏前原料须经过较长时间的腌渍。冷熏法宜在冬季进行，夏季由于气温高，温度很难控制，特别当发烟很少的情况下，容易发生酸败现象。冷熏法生产的食品水分含量在40%左右，其贮藏期较长，但烟熏风味不如温熏法。冷熏法主要用于干制的香肠，如色拉米香肠、风干香肠等，也可用于带骨火腿及培根的熏制。

（二）温熏法

原料经过适当的腌渍（有时还可加调味料）后用较高的温度（40～80℃，最高90℃）经过一段时间的烟熏即为温熏法。温熏法又分为中温法和高温法。

1. 中温法

烟熏温度为30～50℃，用于熏制脱骨火腿和通脊火腿及培根等，熏制时间通常为1～2天，熏材通常采用干燥的橡材、樱材、锯木。熏制时应控制温度缓慢上升，用这种温度熏制，重量损失少，产品风味好，但耐贮藏性差。

2. 高温法

烟熏温度为50～85℃，通常在60℃左右，熏制时间4～6小时，是应用较广泛的一种方法。因为熏制的温度较高，制舱在短时间内就能形成较好的熏烟色泽。熏制的温度必须缓慢上升，不能升温过急，否则将产生发色不均匀，一般灌肠产品的烟熏采用这种方法。

（三）焙熏法（京烤法）

烟熏温度为90～120℃，熏制的时间较短，是一种特殊的熏烤方法，火腿、培根不采用这种方法。由于熏制的温度较高，熏制过程完成熟制，不需要重新加工就可食用，应用这种方法熏烟的肉贮藏性差。

（四）电熏法

在烟熏室配制电线，电线上吊挂原料后，给电线通1万～

2 万伏高压直流电或交流电，进行放电，熏烟由于放电而带电荷，可以更深地进入肉内，从而以提高风味，延长贮藏期。电熏法使制品贮藏期增加，不易生霉；熏制时间缩短，只有温熏法的1/2；制品内部的甲醛含量较高，使用直流电时烟更容易渗透。但用电熏法时在熏烟物体的尖端部分沉积较多，造成烟熏不均匀，再加上成本较高等因素，目前电熏法还不普及。

（五）液熏法

用液态烟熏制剂代替烟熏的方法称为液熏法，又称无烟熏法，目前在国内外已广泛使用，其代表烟熏技术的发展方向。液态烟熏制剂一般是从硬木干馏制成并经过特殊净化而含有烟熏成分的溶液。使用烟熏液的优点：①不再需用熏烟发生器，可以减少投资费用；②过程有较好的重复性，因为液态烟熏制剂的成分比较稳定；③制得的液态烟熏制剂中固相已去净，无致癌的危险。

三、熏烤制品的加工

（一）培根

1. 工艺流程

选料→原料整理→腌制→出缸浸泡、清洗→剔骨修割、再整形→烟熏→成品。

2. 原料辅料

猪肋条肉 50 千克、水 50 千克、食盐 8.5 千克、白糖 0.75 千克、硝酸钠 0.035 千克、注射用盐卤溶液约 2.5 千克。

3. 操作要点

（1）选料。挑选肥膘厚度在 1.5 ～3 厘米的皮薄肉厚的五花肉，即猪第 3 根肋骨至第 1 腰椎骨的中下段方肉。

（2）原料整理。用小刀把肉胚的边修割整齐，割去腰肌和横膈膜，剔除脊椎骨，保留肋骨，每块重 8 ～10 千克。

（3）腌制。将干腌配料混合，均匀地涂擦于肉面及皮面上，置于2～3℃的冷库内腌制12小时，再取四个不同方位注射盐卤溶液（盐卤溶液的配方同湿腌配料，不同的是用沸水配制，注射前需经过滤才能使用）。每块方肉注射3～4千克，然后将方肉浸入湿腌料液内，以超过肉面为准，湿腌12天，每隔4天翻缸一次。

（4）出缸浸泡、清洗。将腌好的方肉放在清水中浸泡2～3小时，除去肉面或肉皮上的盐渍和污物，然后捞出沥干水分。一般灌肠产品的烟熏采用这种方法。

（5）剔骨修割、再整形。用尖刀将肋骨剔出，刮尽残毛和皮上的油污，同时再将原料的边缘修割整齐。整形后在方肉的一端戳一个小洞穿上麻绳，挂在竹竿上，沥干水分，准备烟熏。

（6）烟熏。将方肉移入烟熏室内，烟熏温度控制在60～70℃，时间约10小时，待其表面呈金黄色即为成品。

4. 质量标准

成品皮面金黄色，无毛，切面瘦肉色泽鲜艳呈紫红色，无滴油，食之不腻，清香可口，烟熏味浓厚。

（二）广东叉烧肉

1. 工艺流程

原料选择与整理→腌制→上铁叉→烤制→上麦芽糖→成品。

2. 原料辅料

鲜猪肉50千克，精盐2千克，白糖6.5千克，酱油5千克，50°白酒2千克，五香粉0.25千克，桂皮粉0.35千克，味精、葱、姜、色素、麦芽糖适量。

3. 操作要点

（1）原料选择与整理。枚叉采用全瘦猪肉；上叉用去皮的前、后腿肉；花叉用去皮的五花肉；斗叉用去皮的颈部肉。将肉洗净并沥干水，然后切成长约40厘米、宽4厘米、厚1.5～

2 厘米的肉条。

（2）腌制。将切好的肉条放入盆内，加入全部辅料并与肉拌匀，将肉不断翻动，使辅料均匀渗入肉内，腌浸 1 ～2 小时。

（3）上铁叉。将肉条穿上特制的倒丁字形铁叉，每条铁叉穿 8 ～10 条肉，肉条之间需间隔一定空隙，以使制品受热均匀。

（4）烤制。把炉温升至 180 ～220℃，将肉条挂入炉内进行烤制。烤制 45 ～55 分钟，制品呈酱红色即可出炉。烤制的温度和时间一定要控制好，否则影响产品的质量。

（5）上麦芽糖。当叉烧出炉稍冷却后，在其表面刷上一层糖胶状的麦芽糖即为成品。麦芽糖使制品油光发亮，更美观，且增加适量甜味。

4. 质量标准

成品色泽为酱红色，块形整齐，香润发亮，软硬适中，肉质美味可口，咸甜适宜，多食不腻。

（三）广东脆皮乳猪

1. 工艺流程

原料选择→屠宰与整理→腌制→烫皮、挂糖色→烤制→成品。

2. 原料辅料

乳猪 1 头（5 ～6 千克），食盐 50 千克，白糖 0. 15 千克，白酒 0. 005 千克，芝麻酱 0. 025 千克，干酱 0. 005 千克，南味豆腐乳 0. 005 千克，五香粉 0. 0075 千克，蒜泥、葱少量，麦芽糖适量。

3. 操作要点

（1）原料选择。选用 5 ～6 千克重的健康有膘乳猪，要求皮薄肉嫩，全身无伤痕。

（2）宰杀、整形。刺颈放血后，用 65℃左右的热水浸烫，注意翻动，取出迅速刮净毛，用清水冲洗干净。从腹中线用刀剖开胸腹腔和颈肉，取出全部内脏器官，将头骨和脊骨劈开。切莫劈开皮肤，取出脊髓和猪脑，剔出第 2 ～3 条胸部肋骨和肩胛骨，用刀划开肉层较厚的部位，便于配料渗入。

（3）腌制。除麦芽糖之外，将所有辅料混合后，均匀地涂擦在体腔内，腌制时间夏天约 30 分钟，冬天可延长到 1 ～ 2 小时。

（4）烫皮、挂糖色。腌好的猪胚，用特制的长铁叉从后腿穿过前腿到嘴角，把其吊起沥干水。然后用 80℃ 热水浇淋在猪皮上，直到皮肤收缩。待晾干水分后，将麦芽糖水均匀刷在皮面上，最后挂在通风处晾干皮表待烤。

（5）烤制。烤制有两种方法，一种是用明炉烤制，另一种是用挂炉烤制。

明炉烤制：炉子多为铁制长方形烤炉。用木炭把炉膛烧红，将叉好的乳猪置于炉上，先烤体腔肉面，约烤 20 分钟后，然后反转烤皮面，烤 30 ～40 分钟，当皮面色泽开始转黄和变硬时取出，用针板扎孔，再刷上一层植物油（最好是生茶油），而后再放入炉中烘烤 30 ～50 分钟，当烤到皮脆且皮色变成金黄色或枣红色即为成品。整个烤制过程不宜用大火。

4. 质量标准

成品色泽枣红发亮，肉质细嫩，熏香浓郁，味美爽口，具有独特的风味。

第四节　油炸制品加工

油炸是利用油脂在较高的温度下对肉食品进行热加工的过程，油炸可使制品在高温作用下可以快速致熟；使营养成分最大限度地保持在食品内不易流失；保持食品特有的油香味和金黄色泽；经高温灭菌可短时期贮存。油炸工艺早期多应用在菜肴烹调方面，近年来则应用于食品工业生产方面，列为肉制品加工种类之一。

一、油炸的作用

油炸食物时，油可以提供快速而均匀的传导热，首先使制品表面脱水而硬化，出现壳膜层，使表面焦糖化及蛋白质和其他物质分解，产生具有油炸香味的挥发件物质。同时，在高温下物料迅速受热，使制品在短时间内熟化，导致制品表面形成干燥膜，内部水分蒸发受阻。由于内部含有较多水分，部分胶原蛋白水解，使制品变为外焦里嫩。

（一）炸制用油

炸制用油要求熔点低、过氧化物值低、不饱和脂肪酸含量低的新鲜的植物油。氢化的油脂可以长期反复地应用。我国目前炸制用油主要是豆油、菜子油和葵花子油。

（二）油炸的控制

油炸技术的关键是控制油温和油炸时间。油炸的有效温度可在100～230℃之间。油温的掌握，最好是自动控温，一般手工生产通常根据经验来判断。油炸时应根据成品的质量要求和原料的性质、切块的大小、下锅数量的多少来确定合适的油温和油炸时间。

为了有效地使用炸制油，在油中可加入硅酮化合物，能减少起泡的产生；添加金属蛋白盐，在高温200℃油炸，间断式加热24小时，抗氧化效果与高温后油质的熟度相一致；炸制油中加入金属螯合物，可延长使用时间及油炸制品的货架期。

油炸方法的分类，可根据原料肉不同分为炸排骨、油淋鸡、炸猪肝等；可根据成品的质地、风味不同分为清炸、干炸、松炸、软炸、卷包炸、纸包炸、酥炸；也可根据油炸时的油温不同分为温油（70～120℃）炸、热油（120～180℃）炸、旺油

（180～220℃）炸、高压油炸。

二、油炸制品的加工

（一）油炸香酥鸡

1. 工艺流程

原料肉的选择与整理→腌制→滚粉→挂糊及蘸面包渣→油炸。

2. 操作要点

（1）原料肉的选择与整理。选用肉用仔鸡肉为原料，体重约1.5千克为宜。屠宰加工后的白条鸡，先进行分割，取腿、翅、胸脯肉，然后再切割成10块，包括大腿肉2块、小腿肉2块、翅2块、胸脯肉4块。将切割的肉块用清水洗净沥干。

（2）腌制。采用湿腌法，先配制腌制液，配料标准为：水83千克、食盐17千克、白糖2千克、葱0.5千克、姜0.6千克、花椒0.2千克、大茴香0.1千克、桂皮0.08千克、丁香0.06千克。

先把香辛料用纱布包好入锅与水同煮。烧沸10分钟后再加入食盐和白糖并溶解均匀，冷却后即成腌制液。

腌制时，将大小腿、翅、胸脯肉分别放入腌制液中，肉块要全部淹没在液面以下。腌制时间，大小腿10分钟，翅5分钟，胸脯肉8分钟，然后捞出沥干。腌制液每用一次要适当补加食盐，使食盐浓度保持在波美17度左右，用几次后要煮沸一次，以防变质，同时补加香辛料和糖。

（3）滚粉。肉腌好后，放在案子上，加入优质小麦面粉。将肉块在面粉上揉搓，以利于配料向肉组织内部渗入，同时使肉块表面蘸一层面粉。

（4）挂糊及蘸面包渣。糨糊的配制方法为：用小麦面粉（占28.5%）、鸡蛋液（占28.5%）、白糖（占13.6%）、花生油（占 13.6%）和水（占 15.8%），将以上材料按比例混合在一起，搅拌调制均匀即成挂糊用糨糊。每 5 千克鸡肉块约需糨糊 1 千克。

面包渣是用面包经烘干后粉碎而成，也可用馒头制成馒头渣来代替面包渣。将蘸粉后的鸡肉块放入糨糊中，使肉块表面均匀挂上一层糨糊，然后用镊子夹起稍沥。随后放在面包渣上，使其表面均匀蘸上一层面包渣。随后立即进行油炸。

（5）油炸。采用热油炸，油温维持在 150℃左右。要控制好肉料入油量和油温之间的关系，油温不要波动太大，要保持基本衡定。需油炸 5 ～7 分钟，油炸时注意翻动肉块，待表面炸至金黄色时捞出即为成品。

（二）炸猪排

1. 工艺流程

原料选择与整理→腌制→上糊→油炸→成品。

2. 原料辅料

猪排骨 50 千克、白糖 0.5 千克、淀粉 6.5 千克、鸡蛋 500 个、面粉 12.5 千克、鲜姜 0.4 千克、精盐 1 千克、味精 0.1 千克、酱油 1.6 千克、大葱 1 千克、五香粉 0.1 千克。

3. 操作要点

（1）原料选择与整理。选用经兽医卫生检验检疫合格的鲜、冻猪排骨为原料，除去血污杂质，切成 8 ～10 厘米的小长条状，洗净后捞出控净水分。

（2）腌制。将除鸡蛋、面粉外的其他辅料放入容器内混合，把排骨倒入并翻拌均匀，腌制 30 ～60 分钟。

（3）上糊。用 2.5 千克清水把鸡蛋和面粉搅成糊状，将腌制过的排骨逐块地放入糨糊中裹布均匀。

（4）油炸。把油加热至 180 ～200℃，然后一块一块地将裹糨糊的排骨投入油锅内炸制，炸制过程要经常用铁勺翻动，使排骨受热均匀，炸 10 ～12 分钟，炸至黄褐色发脆时捞起，即为成品。

4. 质量指标

炸排骨外表呈黄褐色，内部呈浅褐色；块型大小均一，挂糊均匀，外酥里嫩，不干硬，不发柴，块与块不粘连，炸熟炸透；具有炸肉的香味，鲜美香甜，咸淡适口。

（三）纸包鸡

1. 工艺流程

原料→宰杀与整理→腌制→包纸→烹炸→成品。

2. 原料辅料

鸡肉 500 克，火腿肉 50 克，食盐 12 克，白酒 5 克，酱油 10 克，味精 3 克，香菇 25 克，小麻油、葱、姜及花生油等适量。

3. 操作要点

（1）原料选择。选用肉鸡或当年健康肥嫩的小母鸡作为原料。

（2）宰杀与整理。将活鸡宰杀，放净血，热水烫毛后煺净毛，取出所有内脏，把鸡体内外冲洗干净，晾挂沥干水分。然后去掉骨头，取鸡的胸肉或腿肉，切成小片，每片约重 15 克。

（3）腌制。火腿肉和香菇切成丝状，将切好的鸡肉片和火腿、香菇放入盆中，加入其他辅料并拌匀，腌渍 10 ～15 分钟。

（4）包纸。取 8 ～10 平方米的糯米纸或玻璃纸铺在案板上，放入腌渍好的鸡肉一块和适量的调料，将纸包成长方形。

（5）烹炸。把包好的鸡块投入 150 ～170℃的花生油锅里炸 5 分钟左右，当纸包浮起略呈黄色便捞起，稍凉即为成品。拆开纸包即可食用（糯米纸可食，不用拆包）。

4. 质量标准

成品外表呈金黄色，外皮酥脆，肉质鲜嫩，咸淡适宜，美味可口。

第五节　罐头制品加工

肉类罐藏是利用食品罐藏原理，将肉与肉制品密封在容器中，经高温处理，杀灭了绝大部分微生物，同时在防止微生物再次侵入的条件下，使食品在室温下长期贮存而不变质，并能基本上保持食品原有的色、香、味。因此，肉类罐藏被视为肉类加工贮藏的一种有效方法。

一、肉类罐头的分类

肉类罐头一般是以猪、牛、羊等畜禽肉为原料，经加工制成的罐头制品，根据加工及调味方法不同，分为以下几类产品：

（1）清蒸肉类罐头。将原料经过初加工后不经烹调而直接装罐制成的罐头，最大限度地保持了原料的特有风味，如清蒸猪肉、原汁猪肉、白灼鸡、白灼鸭罐头等。

（2）调味肉类罐头。将经处理、预煮或烹调的肉块或整体原料装罐后，加入调味汁液的罐头。产品应具有原料和配料特有的风味和香味，块形整齐，色泽一致，汁液量和肉量保持一定的比例。这类产品按烹调方法不同又分为红烧、五香、浓汁、油炸、茄汁、咖喱、沙茶等类别。

（3）腌制类罐头。将处理后的原料经过以食盐、亚硝酸钠、砂糖等一定配比组成的混合盐腌制后，再进行加工制成的罐头，如火腿、午餐肉、咸牛肉、咸羊肉罐头等。

（4）烟熏类罐头。指处理后的原料经过腌制、烟熏后制成的罐头，如火腿肉和烟熏肋肉罐头等。

（5）香肠类罐头。指肉经腌制后，加调料斩拌，制成肉糜直接装入肠衣中再经烟熏、预煮后制成的罐头。

（6）内脏类罐头。指用猪、牛、羊的内脏及副产品经处理调味或腌制后加工制成的罐头，如猪舌、牛舌、卤猪杂、牛尾汤罐头等。

二、肉类罐头制品的加工

（一）清蒸类肉罐头

1. 工艺流程

原料→去骨、去皮、去肥膘→整理→切块→复检→装罐→排气、密封→杀菌、冷却→吹干、入库。

2. 操作要点

（1）原料。首先应采用经宰后检验合格的新鲜或冷却、冷冻肉。未经排酸且肥膘厚在 10 毫米以下的，及外观不良、有异味肉（如配种猪、老母猪、哺乳猪、黄膘猪）及冷冻两次的、冷藏后质量不好的肉均不得使用。

（2）解冻。解冻温度为 16 ～ 18℃，相对湿度为 85% ～ 90%，解冻时间为 20 小时左右。解冻结束时最高室温应不超过 20℃。解冻后腿肉中心温度应不超过 10℃，不允许留存有冰结晶。

（3）去骨、去皮、去肥膘。要求骨不带肉，肉上无骨，肉不带皮，皮不带肉，肉上无毛根。过厚的肥膘应去除，控制留膘厚度在 10 ～ 15 毫米。

（4）切块。将整理后的肉按部位切成长、宽 5 ～ 7 厘米的小块，每块重 0. 11 ～ 0. 18 千克，腱子肉可切成 40 毫米左右的肉块，分别放置。切块时要大小均匀，减少碎肉的产生。

（5）装罐。复检后按肥瘦分开（肋条、带膘较厚的瘦肉作肥肉），以便搭配装罐。装罐前将空罐清洗消毒，定量地在罐内装入肉块、精盐、洋葱末、胡椒及月桂叶。

（6）排气、密封及杀菌、冷却。加热排气，先经预封，罐内中心温度不低于 65℃。密封后立即杀菌，杀菌温度为 121℃，杀菌时间为90分钟。杀菌后立即冷却到40℃以下。

（二）腌肉类罐头

1. 工艺流程

原料→解冻→拆骨加工→切块→腌制→绞肉、斩拌、加配料→真空搅拌→装罐→真空密封→杀菌、冷却→吹干、入库。

2. 操作要点

（1）拆骨加工。在拆骨加工过程中，将前腿、后腿作为午餐肉的瘦肉原料；肋条、前夹心两者搭配作为午餐肉的肥瘦肉原料。要求：前、后腿完全去净肥膘，作为净瘦肉，严格控制肥膘，不超过10%；肋条、前夹心允存留0.5～1厘米厚肥膘，多余的肥膘应去除。

（2）切块。经拆骨后加工的瘦肉和肥瘦肉分别切成3～5厘米条块，送去腌制。

（3）腌制。腌制用混合盐配方：食盐98%、砂糖1.5%、亚硝酸钠0.5%。

腌制方法：瘦肉和肥瘦肉分开腌制，100千克猪肉添加腌用混合盐2千克，用拌和机均匀拌和，定量装入不锈钢桶或其他容器中，然后送到0～4℃的冷藏库中，腌制时间为48～72小时。

（4）绞肉、斩拌、加配料。腌制以后的肉进行绞碎，得到9～12毫米的粗肉粒。瘦肉在斩拌机上斩成肉糜状，同时加入其他调味料。具体做法为：开动斩拌机后，先将肉均匀地放在斩拌机的圆盘中，然后放入冰屑、淀粉、香辛料。斩拌时间3～5分钟。斩拌后的肉糜要有弹性，抹涂后无肉粒状。

（5）真空搅拌。将粗绞肉和斩拌肉糜均匀混合，同时抽掉半成品的空气，防止成品产生气泡、氧化作用及物理性胀罐。真空搅拌时，真空度控制在67～80kPa，真空搅拌时间为2分钟。

斩拌配比：瘦肉80千克、肥瘦肉80千克、玉米淀粉11.5千克、冰屑19千克、白胡椒粉0.192千克、玉果粉0.058千克、维生素C0.032千克。

(6) 装罐。搅拌均匀后，即可取出送往充填机进行装罐。按罐型定量装入肉糜。

(7) 真空密封、杀菌冷却。装罐后立即进行真空密封，真空度为60kPa。密封后立即杀菌，杀菌温度为121℃，杀菌时间按罐型不同，一般为50～150分钟。杀菌后立即冷却到40℃以下。

第六节 蛋制品加工

食品的营养价值取决于食品中所含营养物质的种类和数量，以及人们对它们的消化和吸收程度。禽蛋的营养价值主要决定于蛋黄、蛋白的含量及其构成比例、化学成分。禽蛋的营养成分是极其丰富的，尤其含有人体所必需的优良的蛋白质、脂肪、类脂质、矿物质及维生素等营养物质，而且消化吸收率非常高，堪称优质营养食品。

一、禽蛋的基本知识

蛋是由蛋壳、蛋白、蛋黄三个部分所组成，各个组成成分在蛋中所占的比重与家禽的种类、品种、年龄、产蛋季节、蛋的大小及饲养有关。

禽蛋不仅含有较高的热量，而更重要的是它含有营养价值较高的蛋白质。鸡蛋的蛋白质含量为11%～13%、鸭蛋为12%～14%、鹅蛋为12%～15%。鸡蛋中蛋白质的消化率为98%，是其他许多食品所无法比拟的。

禽蛋加工后可以生产多种产品，如松花皮蛋、咸蛋、湿蛋制品及干燥蛋制品。

二、蛋制品的加工

（一）传统溏心皮蛋加工（浸泡包泥法）

1. 工艺流程

传统溏心皮蛋（松花蛋）加工工艺流程如图 7－1 所示。

料液的配制→熬料或冲料→料液检查
↓
原料蛋挑选→照蛋→敲蛋→分级→装缸→灌料浸泡→质量检验→出缸→洗蛋晾蛋→检验分级→包蛋保质→装箱→贮运
↑
残料和黄泥→配泥料

图 7－1 传统溏心皮蛋加工工艺流程

2. 操作要点

（1）料液的配制。配料标准应根据季节的不同而有所变动。夏季气温高，要适当增加生石灰和碱的用量，加速蛋白的凝固。

鸭蛋 800 枚，开水 50 千克、生石灰 10 ～12.5 千克、食盐 2 ～2.5千克、纯碱 3.25 ～3.75 千克、红茶末 1.5 ～2 千克、氧化铅 0.075 ～0.1 千克。配料方法常采用冲料法，即先将纯碱、茶叶末放在缸底后将开水放入缸中，随即放入碾细过筛的氧化铅，充分搅拌后再逐渐放入石灰，最后加入食盐，搅拌均匀，冷凉待用。

（2）装缸与灌料。装缸是将经过感官鉴别、照蛋、敲蛋、分级等工序挑选出来的鲜鸭蛋，放入清洁的缸内。下缸前，在缸底要铺一层洁净的麦秸，以免最下面一层的鸭蛋直接与硬缸底相碰，受到上面许多层次的鸭蛋的压力而压破。放蛋入缸时，要轻拿轻放，一层一层地平放，切忌宜立，不要搭空，以防震碎蛋壳。最上层的蛋应离缸口半尺左右，以便封缸，蛋下缸后，加上花眼竹篾盖，并用木棍压住，以免灌料汤后，鸭蛋漂浮起来。

（3）泡制期间的管理与质量检查。在泡制期间，必须注意温度的变化，这对成品质量有很大的影响。加工皮蛋最适宜的温度是20℃，范围为18～25℃。灌料后即进入泡制过程，直至松花蛋成熟，这一段的技术管理工作同成品的质量关系颇为密切。首先是严格掌握室内（缸房）的温度，一般要求控制在20～24℃之间。灌料数天后（春秋季7～10天，夏季3～4天，冬季5～7天），蛋的内容物即开始发生变化，蛋白首先变稀，呈清水状，称为“作清时期”。随后经过2～3天，蛋白逐渐凝固。此时室内温度可提高到25～27℃。变化初期需较高的温度，以便加速料液向蛋内渗透，促使松花蛋成熟。待浸渍15天左右，温度可稍降低，以使料液缓缓地进入蛋内，使变化过程缓和。在不同地区对室温要求也有所不同，如在湖北地区夏天缸房温度不应高于30℃，冬天保持在25℃左右。在夏季气温过高时，可采取一些降温措施，在冬天气温低时，可采取相应的保暖办法。

其次是勤观察、勤检查。为避免出现黑皮、白蛋等次品，必须有专人负责，每天检查蛋的变化、温度高低、料汤多少等，并随时记录，以便发现问题及时解决。一般鲜蛋下缸后，要经过三次检查，第一次检查，是在鲜蛋下缸后，夏天（25～30℃）经5～6天，冬天（15～20℃）经7～10天即可进行；第二次检查，一般在下缸后20天，可以看大样，亦可以少量拍查，剥开数枚观察；第三次检查是在装缸后30天左右进行，以确定出缸时间。

（4）出缸。在一般情况下，鸭蛋入缸后经过料汤的浸泡约需40天左右，即可成熟变成松花蛋。出缸时，先拿出缸上面的木棍和竹篾盖，后将成熟的鸭蛋捞出，置于另外的缸内，用冷开水冲洗，洗去附在鸭蛋外面的碱液和其他污物，装入竹篓内晾干。

（5）品质检验。以感官检验为主，辅以灯光远视。即采取“一观、二掂、三晃、四弹、五照、六剥检”的方法进行验质。

（6）包泥保质。主要作用是：保护蛋壳以防破损；延长保存期；促进皮蛋成熟。

（7）贮存。①原缸贮存。即延长业经成熟的松花蛋的出缸日期，继续存放在原缸，一般可贮存两三个月而质量不变。②包料后装缸贮存。即用全料包蛋，装缸后密封贮存，贮存期可达半年左右。③包料后装箱或装篓贮存。用全料包蛋，不装缸而直接入尼龙袋内用纸箱或竹篓包装，放在库内贮存，贮存期也可达三四个月。但在夏季气温高时一般不用纸箱或竹篓贮存，最好采用装缸贮存。

（二）冰蛋的加工

1. 工艺流程

搅拌与过滤→预冷→蛋液的巴氏杀菌→装听→急冻→包装→冷藏。

2. 操作要点

（1）搅拌与过滤。搅拌与过滤是冰蛋品加工过程中的首要环节，目的是为了将打出的蛋液的蛋黄和蛋白得以混匀，以保证冰蛋品的组织状态均匀，除去碎蛋壳、蛋壳膜以及系带等杂物，以使冰蛋品的质量纯净。

（2）预冷。经过搅拌过滤已均匀纯净的蛋液，由蛋液泵打入预冷罐，在罐内降低温度，称为预冷。预冷的目的在于防止蛋液中微生物的繁殖，加速冻结速度，缩短急冻时间。

（3）蛋液的巴氏杀菌。蛋液巴氏低温消毒一般采用片式杀菌器。这是一种比较完备的杀菌器，具有自动控制系统，便于生产工艺上的连续化和自动化。

（4）装听。蛋液达到温度4℃以下即可装听。装听的目的是便于速冻与冷藏。

（5）急冻。蛋液装听后，送入急冻间，并顺次排列在氨气排管上进行急冻。放置蛋听时，听与听之间要留有一定的间隙，以利于冷气流通。

冷冻间温度应保持在 -20℃以下，冷冻 36 小时后，将听（桶）倒置，使听内蛋液冻结匀实，以防止听身膨胀，并缩短急冻时间。在急冻间温度为 -23℃条件下，速冻时间不超过 72 小时。听内中心温度应降到 -15 ～ -18℃，方可取出进行包装。

（6）包装。急冻好的冰蛋品，应随即进行包装，一般在马口铁听外面套加涂有标志的纸箱，盘状冰蛋脱盘后，用蜡纸包装。

（7）冷藏。冰蛋品是利用低温冻藏来达到长期贮藏的目的，包装后送至冷库冷藏。冷藏库内的库温应保持在 -18℃，同时要求冷藏库温不能上下波动太大。贮存冰蛋的冷藏库不得同时存放有异味和腥味的产品。

（三）干蛋粉的加工

1. 工艺流程

蛋液过滤→巴氏低温消毒→喷雾干燥→卸粉、筛粉与包装

2. 操作要点

（1）蛋液过滤。蛋液过滤的目的在于滤净蛋液中的系带、蛋黄膜、蛋壳膜及碎蛋壳等物质，并使蛋液混合均匀。一般采用机械过滤。

（2）巴氏低温消毒。蛋液的巴氏低温消毒是加工巴氏消毒鸡全蛋粉所必须采取的一个重要工序。即将鲜鸡蛋经打蛋、过滤、巴氏低温消毒，之后经过喷雾干燥制成干蛋粉。

（3）喷雾干燥。喷雾干燥的原理是向干燥室内送入热空气，同时将蛋液通过喷雾器喷成高度分散的无数极细的雾状微粒（其直径大小为 10 ～ 50 毫米），从而大大地增大了蛋液的表面积，并使它与干燥介质——热空气间有很大的接触面积，增加了

水分蒸发率。这样蛋液中的水分可在瞬间内蒸发，使细微雾滴变成蛋粉。

（4）卸粉、筛粉与包装。经干燥后的蛋粉聚集在干燥室底部和旋风分离器的集粉箱内，并由刮粉器和螺旋输送器连续输出的过程，称为取粉或卸粉，又称出粉。然后经过粉筛进一步混匀，并除去大颗粒和杂质，之后可进行包装。

第八章　水产品加工

第一节　渔业生产概况

一、渔业生产特点

渔业是水产品市场政策作用的对象，有必要首先搞清什么是渔业。渔业是农业的组成部门之一，是人类以栖息在海洋和内陆水域中的水产经济动植物为开发对象，进行合理采捕、人工养殖和增殖，以及加工利用的综合性生产部门。渔业生产的对象是生物体，获取的是动植物产品。渔业一般包括水产捕捞业和水产养殖业。水产捕捞业是捕捞海洋和内陆水域中的经济动物，包括海洋捕捞业和淡水捕捞业。水产养殖业是利用适宜的水域和浅海滩涂进行人工饲养、繁殖水产经济动植物，包括淡水养殖和海水养殖，也包括渔业资源的增殖部分。随着加工规模和加工水平的日益提高，加工业也成为渔业的有机组成部分。渔业与其他农业部门相比有类似的特点，最根本的特点就是渔业的经济再生产和自然再生产过程相互交织在一起。由此可知，渔业生产具以下特征：水域不可替代，自然环境因素对渔业有较强的影响力，渔业生产周期长，水产品鲜活易腐烂、难储运，渔业生产单位往往是一家一户，等等。

二、水产品的地位

食品安全是世界各国政府都非常重视的头等大事。当今人类食物的90%是在耕地和牧场上生产的，10%来自海洋水域。随着世界人口的不断增长和经济的发展，陆地资源日趋减少，人类已经将生存的空间不断向占地球表面71%的海洋水域拓展，水生生物资源的合理开发利用，已经成为拓展人类生存与发展空间的必然趋势。1995年联合国粮农组织在罗马召开的各国渔业部长级会议和在日本东京召开的世界渔业大会，把水产品列为食物的重要组成部分，突出强调了发展渔业对保障世界粮食安全的重要作用，把发展渔业增加水产品生产作为增进粮食安全的一项重要措施。

中国是一个人口众多、农业资源相对短缺的大国，农业和粮食问题始终是经济发展中的首要问题。进入21世纪，中国的人口增长仍将保持一定的惯性，峰值甚至可达16亿，这一问题似乎更加严峻。同时，中国又是一个水域大国，有着丰富的渔业资源，海域总面积47 270万公顷，渔场面积28 000万公顷，海水可养面积260万公顷，虾、蟹、藻类生物资源上千种，能提供可观的食物来源，为农业和粮食安全另辟蹊径。因此，考虑中国的粮食安全问题必须着眼于大农业，即从农村耕地、牧场草地和内陆及海洋水域几个方面加以解决。

第二节　鱼肉制品

一、鱼肉香肠、鱼肉火腿

（一）鱼肉香肠工艺流程

鱼肉香肠工艺流程如图8－1所示。

畜肉绞肉、香辛料、淀粉等

↓

冷冻鱼糜→解冻→称重→擂溃→混合→灌肠→结扎→杀菌→冷却→包装

图8－1　鱼肉香肠工艺流程

（二）鱼肉火腿工艺流程

鱼肉火腿工艺流程如图 8－2 所示。

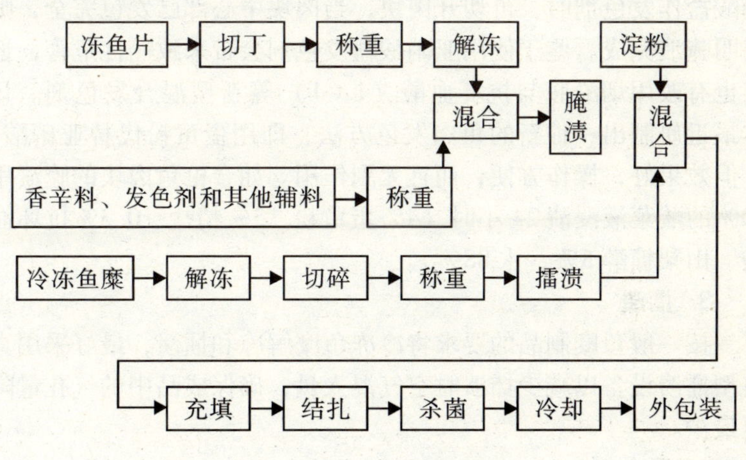

图 8－2　鱼肉火腿工艺流程

（三）操作要点

1. 切丁

切丁工序就是制备鱼肉块和畜肉块的过程，鱼肉块的制备可采用鲐鱼、狭鳕、鲨鱼或金枪鱼等，将原料鱼“三去”并剖片、剥皮、剔除鱼骨刺后切成 15 ～20 立方毫米的鱼肉块，畜肉块的制备通常以冻猪肉、牛肉、马肉、兔肉或羊肉等为原料，剔去骨后切成 15 ～20 立方毫米的肉块。

2. 腌渍

按照配方，将称量好的所有固体调味料、香辛料先混合均匀，再将配料加入水中搅匀，然后再加入鱼肉块和畜肉块，搅拌均匀至液汁呈黏稠溶胶状。在水分被肉块完全吸收之前，必须使所有配料与肉块充分混合均匀。腌渍发色剂一般采用亚硝酸盐。腌渍过程一般是将搅拌均匀的肉块在 3 ～5℃低温下放置 48 小时左右，使各种调味成分能充分渗入肉块中，时间过短则渗透不匀，过长则肉块易变质，腌渍完成与否通常凭经验判断。当用亚硝酸盐作发色剂时，可切开肉块，当肉块中心部已发色完全，则表明腌渍完成。鉴于使用亚硝酸盐发色剂会带来致癌性危害，近年也有改用烟酰胺与抗坏血酸（1∶1）等新型混合发色剂。日本最近研制出一种新的鱼肉发色方法，即用蛋黄粉代替亚硝酸，不但效果好，操作方便，而且无副作用。如金枪鱼肉块的腌渍用10%的酸菜液浸渍24小时（4%蛋黄粉、3%精盐、0.3%抗坏血酸、山梨糖醇5%、水88%）。

3. 擂溃

按一般鱼糜制品的要求将冷冻鱼糜解冻和擂溃，最好采用真空型擂溃设备以减少擂溃时空气混入量，确保成品中的气孔量降至最少。

4. 混合

鱼肉火腿类似于畜肉火腿，质地韧性较大，含有15～20立方毫米的鱼肉方块和畜肉方块。混合工序是将腌渍鱼肉块和畜肉块、淀粉及擂溃后的鱼糜（即连接肉）搅拌均匀，然后直接灌肠，其中鱼肉块占鱼肉火腿成品重量的20%以上，猪脂肪用量7%～10%，并切成如黄豆大小的块；擂溃后的鱼糜起连接鱼肉块的作用，其用量占成品重量的50%以下。

对于鱼肉香肠，鱼糕型鱼肉香肠尤须添加畜肉，直接以鱼糜为主原料，擂溃后添加香辛料、淀粉、植物蛋白、调味料、着色剂、猪脂肪等辅料，混合均匀后即可；而对于添加畜肉的畜肉型鱼肉香肠，为保证其口感均匀一致，应将畜肉先绞碎后再添加到鱼糜中去，然后再按配方要求添加香辛料、淀粉、植物蛋白、调味料、着色剂等辅料；为使鱼肉香肠的口感滑嫩，通常也添加7%～10%的猪脂肪小块，混合均匀后即可灌肠。

5. 充填

将混合后的混合肉糜用灌肠机进行灌肠充填，所用肠衣有天然肠衣（羊肠衣和猪肠衣）和人工肠衣，现在使用较多的是人工肠衣，人工肠衣有塑料肠衣、聚偏二氯乙烯即 PVDC 薄膜等制成的具有收缩性及不透气性肠衣。

6. 结扎

按一定规格充填后的鱼肉香肠或鱼肉火腿应及时进行两头结扎。人工塑料肠衣的结扎由灌肠机自动完成结扎工序，结扎通常用金属卡子（铝质套环）；而天然肠衣则用棉线结扎。结扎香肠或火腿通常以九成满为好，因为充填太满则在加热时因肠内肉糜受热膨胀而易导致肠衣破裂。

7. 加热杀菌

结扎后的鱼肉香肠或鱼肉火腿用清水洗去表面黏着物和杂物，然后进行加热杀菌处理。天然肠衣和塑料肠衣由于性能不同，采用的加热方法也不相同，对于塑料肠衣型鱼肉香肠和鱼肉火腿，一般采用杀菌锅高温杀菌，对于直径 35 毫米的肠衣，其杀菌参数为：预备罐温度 115℃，杀菌温度 115. 2℃，杀菌时间 20 分钟，杀菌压力 225kPa（2. 3kg/cm^2），或者使制品中心温度达 120℃、保持 4 分钟以上加热加压杀菌，确保杀菌完成时制品的色泽和弹性无明显改变。而对天然肠衣型鱼肉香肠和鱼肉火腿，采用 85 ～95℃的水煮 35 ～60 分钟的加热方法，加热时间视香肠粗细及投放量而定，通常在水中加适量水溶性食用红色素以改善天然肠衣的外观色泽，水煮温度不可过高，以免肠衣爆裂。因此也有采用 85℃水煮 10 分钟后再用 90℃水煮 50 分钟的两段加热方式，以减少肠衣破损率。

8. 冷却

经加热杀菌后的香肠或火腿必须及时迅速冷却。水煮后的香肠应立即在 20℃的冷水中快速冷却，而对于高压杀菌后香肠的冷却应注意加压，以免肠衣破裂。如上述直径35毫米的肠衣，杀菌压力为225kPa，则其冷却压力也为225 kPa，冷却时间为15分钟。另外，受热膨胀后的香肠再经冷却收缩，肠衣外表会产生很多皱纹，为使肠衣光滑美观，常用95℃左右热水浸泡20～30秒，立即取出放冷即可展皱。

9. 外包装

经冷冻展皱后的制品以冷风干燥其表面，检验价格后贴上标签，然后装箱入库。对于塑料肠衣型高温杀菌制品一般可在常温中流通，通常要求25℃以下常温能保存半年；最好是10℃以下保存和流通。而对天然肠衣型制品则要求在低温条件下尽快销售。

二、鱼糜串烧

鱼糜串烧是一种很好地将鱼糜制品生产工艺与焙烤制品生产工艺相结合、颇具创新的鱼糜加工新品种。本产品风味独特、蛋白质含量高、营养丰富，可直接食用，也可烧烤后食用，是旅游方便携带的佳品。

（一）工艺流程

原料鱼→采肉→绞碎→斩拌或擂溃→拌料调面→切片→油炸→浸泡→撒芝麻→包装→成品。

（二）工艺要点

1. 原料鱼

以低值小杂鱼为主要原料，但应剔除腐败、变质、滲胆等不合格品，其卫生质量应符合《海水鱼类卫生标准（GB 2733—1994)》的有关规定。

2. 采肉

原料去头、去内脏、去鳞并洗净血水、除去黑膜等杂物后，放入采肉机采肉，为提高出成率，一般采肉两次。

3. 绞碎

用绞碎机充分绞碎鱼肉。

4. 斩拌或擂溃

先加少量清水（5% ～ 10%）将鱼肉划散，再加入精盐（3% ～5%）斩拌或擂溃，直至鱼肉有较强黏性为止。

5. 拌料调面

在擂溃鱼糜中加入糖、面粉等辅料和调味料、强化剂，添加一定量的淀粉、水和食用油，参照焙烤制品生产工艺进行面团调制。

6. 切片

待面团醒发后，搓成直径 3 厘米圆条，切成 0.5 厘米厚的串烧片。

7. 油炸

将精炼植物油加热至 160 ～170℃即可放入串烧片油炸，至表面金黄色为止。

8. 浸泡

将油炸的串烧片趁热捞出沥油后放入调味料中浸泡上色。

9. 撒芝麻

将浸泡好的串烧片取出沥去多余浸泡液，在表面撒上一层熟芝麻粒，并在低温（50 ～60℃）下烘烤 30 分钟。

10. 包装

取 15 厘米长细竹棒，穿取 7 只串烧片，每袋 90 克，采用无毒强化聚乙烯薄膜袋包装，即为成品，可保藏 6 个月。

第三节　贝类产品

一、贝肉加工工艺

贝肉→解冻→洗涤→烫漂→漂洗→去足丝→清洗→沥干→

调味→煮熟→沥干→烘干→冷却→成品分级→称量→真空包装→杀菌→成品。

二、操作要点

（一）原料处理

采用鲜度良好的冷藏或新鲜的翡翠贻贝肉，用清水冲洗干净并沥干。放进80～90℃热水中烫漂3～5分钟，捞起后用清水漂洗去除珠贝的黏液，然后把贝肉中的足丝彻底去除干净，再经清洗、沥干。

（二）调味液配制

按配方比例，先把五香料加水煮沸约1小时，使水量煮剩1/2时，用100目滤布过滤去渣，然后将其他配料放进香料液中搅拌均匀煮沸，即配制成五香调味液。

（三）调味

将处理好的贝肉倒进调味液中浸渍1小时后加热煮沸5分钟，捞起沥干放入烘干箱烘干1小时，取出贝肉再倒进原调味液中浸渍30分钟，然后加热煮沸5分钟，捞起沥干放入烘干箱烘干。

（四）烘干

初期用50℃烘干3小时，再用60℃烘干1小时，最后用70℃烘干1小时。要求烘干后的水分含量控制在21%～24%。

（五）冷却

烘干后应将制品放入干净的容器中，待其自然冷却至室温时进行称重包装。

（六）称重包装

按每袋50克规格进行称量，并立即装入聚乙烯无毒塑料薄膜袋内进行封口包装或真空包装。整个称量包装过程都必须在密封洁净的环境下进行。

（七）杀菌

小袋包装后的制品经过紫外光或辐照杀菌，再装入 10 千克的纸箱后入库。经杀菌的产品在常温下可保藏半年以上。

第四节　海带食品的加工

具有开发利用价值的海藻称为经济海藻。1959 年，我国海洋学家曾呈奎等报道了 54 种经济海藻，近年来经过整理研究，已知迄今我国的经济海藻已有 100 余种，目前用于食品生产的主要为褐藻、绿藻与红藻。近年来兴起的螺旋藻热又为微型海藻的开发掀开了新的一页。

我国用于加工海藻食品的藻类品种主要为海带、裙带菜和紫菜等。裙带菜通常加工成采用盐渍的腌制品；紫菜则主要以鲜菜为原料直接制成各种紫菜食品；海带多以干品为原料，干海带是采集 7～8 月份以后成熟的海带晒制而成的。近几年来，我国北方地区又开发生产了海带的盐渍品。

以下主要介绍海带干制品、盐渍海带卷（结）的加工和紫菜食品加工工艺。

海带是营养宝库，具有很高的食用价值和经济价值。经专家分析：每 100 克海带含蛋白质 8. 2 克，碳水化合物 56. 2 克，粗纤维 7 克，钙 1. 117 克，磷 0. 216 克，镁 0. 15 克，铁 0. 15 克，碘 0. 24 克，还有胡萝卜素、核黄素、硫胺素、尼克酸、脂肪、维生素 A、维生素 E、钾、钴等多种营养成分。海带对人体有重要的保健作用，对甲状腺肿大、白血病、骨痛等症有较好的预防和治疗作用，对防止血液酸化（由动物性食品引起）、减少血栓的形成也有积极作用。我国海岸线较长，海带资源丰富，已成为世界上海带生产的第一大国，有强大的资源优势。目前，国内海带加工以淡干海带为主，其次是咸干海带、盐渍海带卷（结）

和少量的调味海带丝等。海带食品的年产量仅占海带总产量的2%左右，有4000～5000吨。海带具有很好的加工特性，能加工成多种不同类型的健康食品，国外已有200余种新型海带食品问世，我国近年来也相继研制开发出各种风味的海带方便快餐食品和保健食品等深加工产品。

一、海带干制品

目前国内海带加工以淡干海带为主。每件净重20千克，采用压缩件纸箱包装，海带成品先经打件成型，再外用方筒形纸箱包装。每件的长、宽、高要求为9×25×16厘米。成品海带打件时，务必保证海带干燥度，预防受潮。

二、盐渍熟海带卷（结）的加工

海带卷是用海带卷入芯料结扎、调味煮熟的一种海带食品，是一种源于日本的风味食品。制作时先将海带（干燥原料）软化，切成适当尺寸，卷入芯料（芯料可以是小鱼干、鱼糜、冻豆腐、干菜等各种原料），然后采用蒸煮的方法进行调味炊煮。

（一）原料处理工艺流程及操作要点

1. 工艺流程

海带→水洗→水煮→冷却→盐渍→脱水。

2. 海带

选用在无污染海域中人工养殖的真昆布类的海带，要求其品质新鲜，各项理化、安全卫生指标应符合《无公害食品海藻（NY 5056—2005）》的有关规定：叶体肥厚，无泥沙杂质，无病态、病斑、虫残及孢子菜。

3. 水洗

用洁净的海水把海带冲洗干净。所用海水应符合《无公害食品海水养殖用水水质（NY 5052—2001）》的要求。

4. 水煮

将海带投入煮沸机中，机器中的水必须用过滤后的海水，水温要控制在 85 ～95℃，水煮不超过 1 分钟。

5. 冷却

把烫熟的海带立即投入冷却机中，进行两次冷却，使之迅速晾透，以固定色泽。

6. 盐渍

把冷却的熟海带投入脱水机中，脱水至无滴水为止。及时加拌精盐，加盐量为海带鲜品量的 40%，需使每棵菜都能均匀地附上盐，再将其投入为 23 ～25 波美度的饱和盐水池内盐渍，盐渍时间一般为 48 小时。

7. 脱水

把盐渍好的菜取出，用该盐水把菜洗净，装入洁净筛筐，在顶层加适当压力进行脱水，至熟菜水分含量为 59% ～60% 为止。于是就制成了加工盐渍熟海带卷（结）的原料。

（二）盐渍熟海带卷（结）加工工艺流程及工艺要点

1. 工艺流程

原料→裁料→打卷（打结）→检验→称重→包装及冷藏。

2. 原料

将上述盐渍好的熟海带作为加工盐渍熟海带卷（结）的原料。

3. 裁料

将原料平铺在案板上，先将柄部切掉，然后将中带部宽 7 厘米的，原料顺次切成 12 厘米长的块，作为卷料；不足 7 厘米的，将中带部自上而下裁成长 11 厘米或 12 厘米、宽 1. 8 厘米的条（生产中以菜体的厚薄来决定其长度，厚度在 0. 1 厘米以上的条裁为 12 厘米，否则裁为 11 厘米），作为结料。

4. 打卷

将卷料平均叠3次，并用牙签别住开口处两层，使其呈筒状；牙签别在最厚处，牙签别入部分为2厘米，距离开口处1厘米（别的距离过短，海带易碎裂，造成开卷）。然后以牙签为中心将两边藻体部切掉，卷长分别为10厘米、9厘米、7厘米三种（卷长根据海带中带部宽度而定）。

5. 打结

将结料摆平，然后打结，结以三角形为最佳，两翼的长度要求一致，都为3～3.5厘米，按厚度分为0.15厘米、0.1厘米和0.08厘米三种。

6. 称量

采用标准衡器，最大称量值不得大于被称物品的5倍，按每箱净重15千克准确称量。

7. 包装

用符合国家有关卫生标准的塑料袋、纸箱包装，将称量后的卷（结）装入塑料袋中（卷要整齐摆到袋内），排尽空气，扎好袋口，装入纸箱。

8. 冷藏

包装后的卷（结）要冷藏。

三、紫菜食品加工工艺

紫菜原料的来源以养殖为主，我国养殖的紫菜品种主要为坛紫菜和条斑紫菜。坛紫菜藻体厚而硬，制成的紫菜饼表面粗糙，厚度稍薄时，容易出现较多的孔洞或破损，因而很难制成每张重量低于3克的产品。条斑紫菜藻体较薄，光泽好，具有柔软感，可以制成每张重量为2.5～2.8克的产品。

紫菜与其他藻类采收的方法不同，属多次采收的品种。紫菜的采收采取间收方式，即采下大的个体，让小苗继续生长，紫菜叶长度达15～20厘米即可采收。早期紫菜幼嫩而柔软，颜色、光泽和味道俱佳，随着采收时间的推移，生长期越长，质量也越差。第一水（即第一次）紫菜幼嫩而柔软，颜色、光泽和味道最佳，随着采收次数的增加，紫菜逐渐老化。一般情况下，第一至第三水紫菜质量较好。

（一）调味烤紫菜的加工

目前，紫菜的机械加工分为一次加工（初级加工）和二次加工（深度加工）两种。一次加工的产品即紫菜饼，它既可直接上市销售，也可作为紫菜二次加工的原料。二次加工是将一次加工后的小饼（纸型）紫菜进行烤酥、调味、干燥、精切，包装制成即食紫菜制品。由于以其香脆可口、色泽艳丽、味道鲜美的商品形态加以精美包装，不但提高了产品的档次，而且给生产企业创造了可观的经济效益，产品一上市，就受到消费者的青睐。

1. 工艺流程

一次加工紫菜片→烤酥→蘸调味料→干燥→切片→包装→成品。

2. 操作要点

影响紫菜烘烤质量的主要因素有原料紫菜的含水率、温度及时间，而决定调味质量好坏的关键是蘸液量和均匀度，当然调味液的配方成分也很重要。

（1）烘烤。①原料紫菜含水率。供烘烤的原料紫菜片含水率直接影响烘烤质量和生产率。为了保证烤酥后的紫菜片在蘸调味液时能均匀吸收，且干燥后不变形、不皱缩，同时为了长时间保存，成品最终含水率需降至4%左右。一般情况下，原料紫菜的含水率严格控制在8%左右时，可达到满意的烤制质量。②烘烤温度。正常呈浓黑色、有光泽的坛紫菜经高温烘烤后，其颜色会转换成新鲜的叶绿素的绿色，且色泽光亮。一般当烘烤温度低于150℃时，烤紫菜的颜色及光泽改善不明显，而将温度升至180℃时，颜色便呈现均匀的绿色，且表面光亮如上油，当温度超过190℃时，紫菜会变得过酥而有焦味。因此，为保证紫菜烤酥而不焦，必须把烘烤温度控制在180℃左右。③烘烤时间。在一定的烘烤温度下，紫菜的香味和烤制时间密切相关。试验证明，一定含水率的紫菜在180℃温度下烘烤30～40秒，紫菜本身所含的鲜味氨基酸便分解产生特殊的香味；如果时间过长，则会产生焦味。因此，紫菜在180℃左右的温度下，烘烤时间不应超过1分钟。

（2）调味。①调味蘸液量。烤紫菜片的调味是靠吸有调味液的海绵辊滚蘸在紫菜片上实现的。因此，若蘸液量太大，紫菜片吸水过多，将产生皱缩、变形甚至破损，烘干后也不能保证紫菜片平整；蘸液量太少，则达不到调味目的。一般每片4克重的坛紫菜片以蘸液后增重1克为宜，通过调节烘干温度和输送速度，来保证紫菜片的干后质量。②调味均匀度。影响紫菜片调味均匀度的因素有原料紫菜片的厚薄均匀度和调味辊的调整状况。应保证同批加工的菜片厚薄均匀，调味液盘及调味辊应呈水平状态，才能使调味辊蘸液均匀，从而保证紫菜片调味均匀。

第五节　仿生海洋食品

模拟蟹足棒（又称模拟蟹肉、仿蟹腿肉、蟹风味鱼糕）是日本研制成功的以狭鳕鱼糜为原料的新型模拟制品。模拟蟹肉目前主要有卷形蟹腿肉和棒状蟹腿肉两种生产工艺，下面主要介绍卷形蟹腿肉的生产工艺。

一、工艺流程

卷形蟹腿肉的生产工艺流程为：鱼糜解冻→斩拌、配料、搅拌→充填涂片→蒸煮→火烤→冷却→轧条纹→成卷→涂色→薄膜包装→切段→蒸煮→冷却→脱薄膜→切小段→定量→真空包装→冷冻→成品

二、工艺要点

1. 原料

选用色白、弹性好、鲜度优良无腥臭味的鱼肉为佳，在日本主要选用海上生产的特级冷冻狭鳕鱼糜。高级模拟蟹肉食品常添加15%～20%的真蟹肉，国内许多科技人员正在探索用鲢鱼糜加工模拟蟹肉的可行性。

2. 解冻

可采用自然空气解冻、平板解冻机解冻或高频解冻机解冻，解冻终温在 -2 ～ -3℃较为适宜，也可用切割机将冷冻鱼糜切成2毫米厚的薄片，直接送入斩拌机斩拌配料。

3. 斩拌、配料

用高速斩拌机将鱼肉斩拌磨碎，使盐溶性蛋白充分溶出，并使各种配料充分搅拌均匀。斩拌时为防料温升高，可用碎冰或冰水代替加水。

模拟蟹肉基本配方为：冷冻鱼糜50千克、马铃薯淀粉2千克、玉米淀粉1千克、支链淀粉0.25千克、蛋清5～7.5千克、味精0.5千克、甘氨酸0.5～0.75千克、丙氨酸0.25千克、蟹汁0.5～1千克、蟹肉香精0.5千克、冰水15千克。

4. 充填涂片

将鱼糜送入充填涂膜机的料斗内，经充填涂膜机的平口型喷嘴“T型狭缝”形成1.5～2.5毫米厚、120～220毫米宽的薄带，输出后附着在不锈钢片传送带上。

5. 蒸煮

薄片状的鱼糜随着传送带送入蒸汽箱，经温度90℃、时间

30 秒的湿热处理，使鱼糜形成有弹性并具有一定强度的扁平带状鱼糕（定型）。

6. 火烤

火源为液化气，火苗距涂片 3 厘米，火烤时间为 40 秒，火烤前要在涂片边缘喷清水，以防火烤后涂片与白钢板相粘连。

7. 冷却

火烤后带状鱼糕随传送带的传送开始自然冷却，时间为 20 ～ 25 分钟，冷却后的温度为 35 ～ 40℃，使涂片富有弹性。

8. 轧条纹

利用带条纹的轧辊与涂片挤压以形成深度为 1 毫米 ×1 毫米，间距为 1 毫米的条纹，使成品表面接近于蟹腿肉表面的条纹。

9. 成卷

白钢铲刀紧贴传送带将涂片铲下，集束机的辊轮从侧面方向推压带条纹的涂片，在 3 ～ 5 个辊轮的连续推压下，薄片卷成束状。

10. 涂色

选用与虾、蟹颜色相似的色素，直接涂在鱼卷的表面或包装薄膜上，当薄膜包在鱼卷表面上时，色素即可附着在制品表面，使仿生蟹腿肉在外观上更逼真。涂色的面积一般占总表面积的 2/5 ～ 1/2。涂色液配方为：食用红色素 0.8 千克、食用棕色素 0.05 千克、生鱼糜 10 千克、清水 9.5 千克。将上述原料搅拌均匀后稍呈黏稠状，即可涂用。

将制品用聚乙烯薄膜包装，薄膜厚度为 0.02 毫米。薄膜为带状，随制品的不断制出，自动包装并热合缝口。

11. 切段

将用薄膜包装的制品切段，段长为 50 厘米，将其整齐地装在塑料箱内，一般只装两层，以利于蒸煮和冷却。

12. 蒸煮

采用连续式蒸煮箱，温度98℃，时间为18分钟。

13. 淋水冷却

采用淋水法冷却，水温为18～19℃，时间为3分钟，冷却后的温度为33～38℃。

14. 强制冷却

采用连续式冷却柜进行冷却，冷却柜内的温度分为四段：第一段（入口处）为0℃；第二段为－4℃；第三段为－16℃；第四段（出口处）为－18℃。制品通过连续式冷却柜出来所需的时间为7分钟，冷却后的温度为21～26℃。

15. 脱包衣（薄膜）

制品冷却后，薄膜需要脱去。脱膜要注意防止制品断裂变形。切小段，将制品切分成小段有两种切法：一为斜切段，其斜切角度为45°，斜切刀距为4毫米；二为横切段，其刀口切断面垂直于卷柱的轴线，一般段长为10毫米左右，也可按不同要求切不同长段，这样有利于消费者自由改刀。切段由切段机来完成，刀距的调整以制品的进料速度和刀具旋转速度来决定。

16. 真空包装

包装材料用无毒聚氯乙烯薄膜袋，厚度为0.04～0.06毫米。每袋净重可按不同要求而定。日本向西欧国家出口的产品通常每袋净重为470克，封口用真空自动封口机在0.08～0.1MPa真空度下封口。

17. 整形

经封口机封口后，塑料袋内容物易于聚集在一起，影响产品的美观，可以用辊压式整形机整形，使之外观均匀一致而且美观。

18. 冷冻

先将袋装制品装入铁盘中，分为上、下两层，层间用铁板隔开，以防止冻结时黏在一起及制品变形，然后将装入制品的铁盘送入平板速冻机内，在 -40℃下冷冻 2 小时。

19. 外包装

选用合适的容器作外包装，要求既美观又便于运输、贮藏。

20. 贮藏、运输

该产品为冷冻食品，贮藏、运输时要求温度低于 -15℃。

第六节　海洋功能食品

海洋功能食品的开发给水产品的综合利用提供了一个全新的思路。目前，世界水产品总产量已超过 1 亿吨，然而每年因变质丢弃的水产品约占 10%，还有约 30% 的低值水产品被加工成动物饲料。这部分没有直接食用价值的资源中，不乏具有特殊生理作用的活性物质。因此，用现代科学技术手段将其中具有生理调节功能的物质提取出来，制成功能食品，将会产生巨大的经济效益和社会效益。

一、浓缩水解鱼蛋白功能食品

低值鱼和小杂鱼在海洋捕捞量中历来占有较大的比例。随着人们生活水平的提高，低值鱼类直接食用的价值越来越低，水产品加工中大量的下脚料大多只能制成动物饲料，这就造成很大浪费。与此同时，世界性的蛋白质缺乏仍是人类面临的严峻问题，对低值鱼及水产加工废弃物进行深加工利用，将获得的水解蛋白用作食品添加剂、蛋白强化剂或研制药膳已在世界各国展开。应用酶法水解加工技术，从低值鱼类生产乳化性水解蛋白，操作方便，设备简单，产品功能特性及营养价值优良，可加工成具有保健或治疗作用的功能食品。日本研制成功被誉为“21 世纪食品”的畜肉状浓缩蛋白，具有亲水性、油脂乳化性、凝胶性，代替鲜鱼肉掺合在畜肉中，有“海洋牛肉”之美称。

新型的浓缩水解蛋白其营养成分与原料几乎相等，其中钙及铁的含量均高于原料本身。它与其他食品原料如淀粉、乳品、动物蛋白、植物蛋白等配合可加工成功能食品。例如，适用于高血压、心脏病人的功能食品；作为促进儿童生长发育、矫治营养不良的代乳营养食品以及婴儿代乳品，可治疗婴儿牛奶过敏、腹泻等症；作为烧伤病人的蛋白食品，可防治免疫排斥作用；等等。开发利用水产蛋白资源，提高其商品价值，是水产品综合利用的又一项新途径。

二、牡蛎功能食品

牡蛎是一种海产贝类。在西方，牡蝠被称为“海之奶”、“海之果”，在日本被称为“海之玄米”、“根之源”等。牡蛎肉在古代曾被认为是“海族之中最贵者”，这充分体现了对牡蛎的营养价值的赞赏。牡蛎中含有丰富的糖源，是人体内细饱进行代谢的能源，可改善心脏及血液循环功能，并能增进肝脏的功能，具有保肝作用。糖原可直接为机体吸收利用，从而减轻胰腺负担，对糖尿病的防治十分有利。牡蛎含有丰富的蛋白质及氨基酸，特别是牛磺酸。还含有丰富的维生素如维生素 A、维生素 B1、维生素 B2、维生素 B12、维生素 C、维生素 D2、维生素 H 等，尤其是在动物性食品中，含有如此高的维生素 C，特别引人注目。在其所含矿物质中，钙、钾、镁、铁、铜、锌、碘、硒等人体必需的几乎全有；牡蛎提取物有抗菌作用，对脊髓灰质炎病毒和流感病毒有抑制作用其水溶性成分尚可提高动物机体免疫力等等。牡蛎中含有丰富的生理活性物质，具有显著的医疗保健功效。根据现代营养学的观点，牡蛎是理想的功能食品。利用先进的蛋白酶水解技术，提取牡蛎肉中具有广泛生理活性的物质，从不同疗效的目的出发，辅以亚油酸、维生素 E、大显卵磷脂等，可开发出各种类型的牡蛎功能食品。就剂型而言，有粉末状、颗粒状、细粒状、膏糊状、胶囊状等。20 世纪 70 年代中期，日本 CLINIC 株式会社（日本临床有限公司）率先研制出牡蛎提取物，并且大量生产，由于其疗效卓越，随后日本又有许多公司竞相研制生产。目前，仅在日本，就有 40 多家公司生产牡蛎提取物，年产值达 100 亿日元，带来了显著的社会效益和经济效益。

参考文献

［1］周显青．稻谷精深加工技术［M］．北京：化学工业出版社，2006.

［2］刘英．谷物加工工程［M］．北京：化学工业出版社，2005.

［3］姚惠源．稻谷加工［M］．北京：中国财政经济出版社，1981.

［4］周显青．稻谷精深加工技术［M］．北京：化学工业出版社，2006.

［5］朱永义．稻谷加工与综合利用［M］．北京：中国轻工业出版社．1999.

［6］姚惠源．稻米深加工［M］．北京：化学工业出版社，1999.

［7］傅金泉．黄酒生产技术［M］．北京：化学工业出版社，2005.

［8］吴坤．食品微生物［M］．北京：化学工业出版社，2008.

［9］罗文筠．中国文化概论［M］．成都：四川大学出版社，2006.

［10］袁建成．壶中乾坤［M］．深圳：海天出版社，2007.

［11］李新华，董海洲．粮油加工学［M］．北京：中国农业大学出版社，2002.

［12］朱永义．稻谷加工与综合利用［M］．北京：中国轻工业出版社，1999.

[13] 秦文，吴卫国，翟爱华．农产品贮藏与加工学［M］．北京：中国计量出版社，2007.

[14] 张子飚，张着着．玉米特强粉生产加工技术［M］．北京：金盾出版社，2004.

[15] 蒋弘，刘永澎．玉米深加工项目 200 项［M］．北京：科学技术文献出版社，2002.

[16] 李里特．大豆加工与利用［M］．北京：化学工业出版社，2003.

[17] 倪德培．油脂加工技术［M］．北京：化学工业出版社，2002.

[18] 赵志强，万书波，束春德．花生加工［M］．北京：中国轻工业出版社，2001.

[19] 刘大川，苏望懿．食用植物油与植物蛋白［M］．北京：化学工业出版社，2001.

[20] 袁惠新等．食品加工与保藏技术［M］．北京：化学工业出版社，2000.

[21] 张大鹏．实用果蔬加工工艺［M］．北京：中国轻工业出版社，1994.

[22] 陈学平．果蔬产品加工工艺学［M］．北京：中国农业出版社，1995.

[23] 杜朋．果蔬汁饮料工艺学［M］．北京：农业出版社，1992.

[24] 陈学平，叶兴乾．果品加工［M］．北京：农业出版社，1988.

[25] 胡小松等．现代果蔬汁加工工艺学［M］．北京：中国轻工业出版社，1995.

[26] 段长青，郭玉蓉．园艺产品加工学［M］．北京：世界出版社，1997.

[27] 李华. 现代葡萄酒工艺学 [M]. 西安：陕西人民出版社，2000.

[28] 杨巨斌，朱慧芬. 果脯蜜饯加工技术手册 [M]. 北京：科学技术出版社，1988.

[29] 权启爱. 茶叶加工技术与设备 [M]. 杭州：浙江摄影出版社，2005.

[30] 白堃元. 茶叶加工 [M]. 北京：化学工业出版社，2001.

[31] 方元超，赵晋府. 茶饮料生产技术 [M]. 北京：中国轻工业出版社，2001.

[32] 孙琛. 中国水产品市场与政策 [M]. 杨凌：西北农林科技大学出版社，2005.

[33] 李来好. 水产品保鲜与加工 [M]. 广州：广东省出版集团广东科技出版社，2004.

[34] 王涛. 巧做海鲜制品 [M]. 北京：中国农业出版社，2004.

[35] 高福成. 新型海洋食品 [M]. 北京：中国轻工业出版社，1999.

[36] 刘玉田. 藻类食品新工艺与新配方 [M]. 济南：山东科学技术出版社，2002.

[37]（日）高桥武雄. 海藻工业 [M]. 纪明候，译. 北京：中国轻工业出版社，1961.